悟见

诗与心灵疗愈

方知意 著

陈刚 绘

北京燕山出版社

图书在版编目（CIP）数据

悟见：诗与心灵疗愈 / 方知意著；陈刚绘 . — 北
京：北京燕山出版社，2024.5
ISBN 978-7-5402-7238-8

Ⅰ . ①悟… Ⅱ . ①方… ②陈… Ⅲ . ①人生哲学—通
俗读物 Ⅳ . ① B821-49

中国国家版本馆 CIP 数据核字 (2024) 第 053418 号

悟见：诗与心灵疗愈

作　　者：方知意 著，陈刚 绘
责任编辑：王月佳
出版发行：北京燕山出版社有限公司
社　　址：北京市西城区椿树街道琉璃厂西街 20 号
电　　话：010-65240430（总编室）
印　　刷：北京市玖仁伟业印刷有限公司
开　　本：880mm×1230mm　1/32
字　　数：95 千字
印　　张：7.25
版　　次：2024 年 5 月第 1 版
印　　次：2024 年 5 月第 1 次印刷
定　　价：49.80 元

目录

26 三十年来寻剑客，几回落叶又抽枝。

自从一见桃花后，直到如今更不疑。

唐·志勤

30 终日看天不举头，桃花烂漫始抬眸。

饶君更有遮天网，透得牢关即便休。

宋·守珣

34 荷衣松食住深云，盖是当年错见人。

埋没一生心即佛，万年千载不成尘。

唐·楚云南

38 不是风幡不是心，迢迢一路绝追寻。

白云本自无遗迹，飞落断崖深更深。

宋·草堂清

42 是风是幡君莫疑，百草丛中信步归。

王道太平列忌讳，戏蝶流莺绕树飞。

宋·慧晖

46 独坐清谈久亦劳，碧松燃火暖衾袍。

夜深童子唤不起，猛虎一声山月高。

宋·俞紫芝

50 山前一片闲田地，叉手叮咛问祖翁。

几度卖来还自买，为怜松竹引清风。

宋·法演

54 常忆西湖处士家，疏枝冷蕊自横斜。
精明一片当时事，只欠清香不欠花。

宋·普度

58 岩上桃花开，花从何处来？
灵云才一见，回首舞三台。

宋·法因

62 朝看花开满树红，暮看花落树还空。
若将花比人间事，花与人间事一同。

唐·龙牙

66 南去北来休便休，白苹吹尽楚江秋。
道人不是悲秋客，一任晚山相对愁。

宋·程颢

70 玉在池中莲出水，污染不能绝方比。
大家如是苦承当，洞庭一夜秋风起。

宋·了元

74 嗔是心中火，能烧功德林。
欲行菩萨道，忍辱护真心。

唐·寒山

78 放出沩山水牯牛，无人坚执鼻绳头。
绿杨芳草春风岸，高卧横眠得自由。

唐·怀海

82

滔滔不持戒，兀兀不坐禅。
酽茶三两碗，意在钁头边。

宋·慧寂

86

碧涧泉水清，寒山月华白。
默知神自明，观空境逾寂。

唐·寒山

90

千峰顶上一间屋，老僧半间云半间。
夜晚云随风雨去，回头方羡老僧闲。

宋·志芝

94

麻砖作镜不为难，忽地生光照大千。
堪笑坐禅求佛者，至今牛上更加鞭。

宋·了元

98

雨在时时黑，春归处处青。
山深失小寺，湖尽得孤亭。

宋·唐庚

102

春看湖烟腻，晴摇野水光。
草青仍过雨，山紫更斜阳。

宋·唐庚

106

岭上白云舒复卷，天边皓月去还来。
低头却入茅檐下，不觉呵呵笑几回。

宋·守端

110 万境万机俱寝息，一知一见尽消融。
闲闲两耳全无用，坐到晨鸡与暮钟。

元·石屋

114 语路分明在，凭君仔细看。
和雨西风急，近火转加寒。

宋·道吾真

118 云树高低迷古墟，问津何处觅长沮。
渔郎引入林深处，轻叩柴扉问起居。

近代·苏曼殊

122 白牛常在白云中，人自无心牛亦同。
月透白云云影白，白云明月任西东。

宋·普明

126 众星罗列夜明深，岩点孤灯月未沉。
圆满光华不磨莹，挂在青天是我心。

唐·寒山

130 云痕变灭一兴亡，铃语沉沉碍草荒。
立马城阴高处望，塔尖留得古斜阳。

清·何振岱

134 窗外芭蕉要半庵，心番一炷静中参。
云霞幻灭寻常事，禅定莫如是钵悬。

亦苇

138 一度林前见远公，静闻真语世情空。
至今寂寞禅心在，任起桃花柳絮风。

唐·栖白

142 过去事已过去了，未来不必预思量。
只今只道只今句，梅子熟时栀子香。

元·石屋

146 栟坐云游出世尘，兼无瓶钵可随身。
逢人不说人间事，便是人间无事人。

唐·杜荀鹤

150 卓尔难将正眼窥，回超今古类难齐。
苔封古殿无人侍，月锁苍梧凤不栖。

宋·子淳

154 年老心闲无外事，麻衣草座亦容身。
相逢尽道休官好，林下何曾见一人。

唐·迥超

158 空门寂寂淡吾身，溪雨微微洗客尘。
卧向白云情未尽，任他黄鸟醉芳春。

唐·可止

162 卢陵米价播诸方，高唱轻酬力未当。
觌面不干升斗事，悠悠南北谩猜量。

宋·守卓

166 藏身无迹更无藏，脱体无依便廝当。
古镜不磨还自照，淡烟和露湿秋光。

　　　　　　　　　　　　　　　唐·师一

170 草堂名刹岁年深，三藏谈经事莫寻。
唯有千章云木在，风来犹作海潮音。

　　　　　　　　　　　　　　　元·溥光

174 尘劳迥脱事非常，紧把绳头做一场。
不经一番寒彻骨，怎得梅花扑鼻香。

　　　　　　　　　　　　　　　唐·黄檗

178 香芭冷透波心月，绿叶轻摇水面风。
出守出时君看取，都芦只在一池中。

　　　　　　　　　　　　　　　宋·佛鉴勤

182 千尺丝纶直下垂，一波才动万波随。
夜静水寒鱼不食，满船空载月明归。

　　　　　　　　　　　　　　　唐·德诚

186 溪声便是广长舌，山色岂非清净身。
夜来八万四千偈，他日如何举似人。

　　　　　　　　　　　　　　　宋·苏轼

190 湖上春光已破悭，湖边杨柳拂雕栏。
算来不用一文买，输与山僧闲往还。

　　　　　　　　　　　　　　　宋·道济

194 溪水清涟树老苍，行穿溪树踏春阳。
溪深树密无人处，唯有幽花渡水香。

宋·王安石

198 春雪满空来，触处似花开。
不知园里树，若个是真梅？

唐·赵嘏

202 黄梅席上数如麻，句里呈机事可嗟。
直是本来无一物，青天白日被云遮。

宋·显殊

206 清风楼上赴官斋，此日平生眼豁开。
方信普通年事远，不从葱岭带将来。

唐·师鼐

210 春雨楼头尺八箫，何时归看浙江潮。
芒鞋破钵无人识，踏过樱花第几桥。

近代·苏曼殊

214 春有百花秋有月，夏有凉风冬有雪。
若无闲事挂心头，便是人间好时节。

宋·慧开

身是菩提树，
心如明境台。
时时勤拂拭，
莫使有尘埃。

唐·神秀

中国禅宗史上有两则著名的偈颂，背后还有一个斗诗的小故事，神秀的这首诗就是其中之一。

神秀早年学习经史博览群书，后来出家入佛门修行，拜到了禅宗五祖弘忍门下，很快便在众多弟子中脱颖而出，受到大家的拥戴，弘忍也很看重他，甚至给出了"东山之法，尽在秀矣"的评价。后来五祖弘忍准备挑选接班人，于是让众弟子写一个偈子，谁写得最好就选谁当接班人，于是神秀写下了这首诗偈："身是菩提树，心如明境台。时时勤拂拭，莫使有尘埃。"

神秀认为，众生的身体就像一棵觉悟的智慧树，众生的心灵就像一面明亮的镜子，要经常掸拂擦拭，而不要让它被尘垢蒙蔽了光明的本性。弘忍读后虽然连连称好，但是没有把衣钵传给他。在五祖圆寂后，神秀去了湖北玉泉寺，开创了禅宗的北宗。

在神秀看来，我们每个人心中都有一株蒙尘的智慧之根，只要时时向内探索，拂去内心的杂念，智慧之根就能发芽破土，一步一步长成参天大树。也正如德国哲学家黑格尔说的，一切事物都包含着对自己的否定，只有常常思考，用智慧去厘清内心的繁杂思绪，才能在对自我的认知和对人生的体悟上，更上一个台阶。

近几年"复盘"这个概念突然成了流行词，大家发现无论是工作还是学习、生活中，用这种方式去梳理、总结会很有收获。同样，我们对内心的情绪、想法、思考也需要经常复盘，我们的心灵和身体一样都需要新陈代谢，定期汲取养分再排除废物。我在大学的时候选修过一门瑜伽课，有一次课上老师带着我们体验了冥想，特别神奇，我真的感受到了头脑中的想法被自己的呼吸声一点点驱散，最后有十几秒钟体会到了那种心无杂念的宁静，之后的大半天都觉得神清气爽。

我想这或许就是神秀说的"时时勤拂拭，莫使有尘埃"，在信息爆炸的当下，我们每天脑海中都会浮现出数以百计的奇思妙想，只有让心灵足够澄澈，才能更轻松地抓住一闪而过的灵感，让我们的生活简单而有方向。

菩提本无树，
明镜亦非台。
本来无一物，
何处惹尘埃。

唐·惠能

前一节中斗诗的小故事还没有讲完，神秀写下诗偈后，弘忍的另一个弟子惠能也作了一首诗，他写道："菩提本无树，明镜亦非台。本来无一物，何处惹尘埃。"

本来就没有菩提树，我们的心灵也不是明亮的镜台，一切本来就都是虚无的，哪里会沾染尘埃呢？

显然惠能的这首诗偈对禅理的感悟更深一层，于是弘忍将自己的衣钵传给惠能，为了防止神秀伤害他，让他连夜逃走了。惠能隐居了十年之后，在莆田少林寺创立了禅宗的南宗，而神秀则开创了禅宗的北宗，这就是后来人们说的"南能北秀"。

"本来无一物，何处惹尘埃。"道出了一种人生的虚无，正如西方哲学中有一个虚无主义的流派，认为世界的存在、人类的存在，都是没有意义也没有目的的。与这种虚无主义相对的，是一种存在主义的流派，哲学家萨特认为，我们追求生命的广泛的意义是无用的，因为人并没有一种不变的"本性"，这恰是惠能所说的"菩提本无树，明镜亦非台"。菩提树没有固定的形状，我们追求的人生智慧也没有标准的答案。因此，人生中的许多烦恼其实都是庸人自扰，我们每个人都要去寻找自己人生的意义，又何必在意他人的答案呢？

在这个多元又充满变化的时代，人们有时候会不相信自己的选择，于是大家经常内耗，自寻烦恼。我就有这样一个同事，他来到公司的时候，已经是短短两年的工作经历中第三次转行了。他曾经追求过高薪，也曾经力求抓住风口，后来又想要稳定，没少折腾，却没有一次对自己的职业发展做出理性的规划，而且这一次转行是否正确，他心里也没有一个明确的答案。

人生有时候需要学会"悟空"，接纳人生的虚无，写下自己的答卷，然后屏蔽周遭的指指点点。我们很难说这一辈子做出的所有决定都是正确的，但选己所爱，爱己所选，随遇而安才是常态，何必事事计较、时时忧虑呢？就让生命自在地绽放吧。

手把青秧插满田，
低头便见水中天。
心地清净方为道，
退步原来是向前。

五代后梁·契此

手上拿着一把青秧，想要把它插满整片田地，低头弯腰看到天空映在田水中，把秧苗插进土壤里种好，每种下一棵就后退一步，不知不觉就种满了一整片田，这时才恍然大悟，原来看似在退步，其实却是在向前！

这首诗描绘的是农耕劳作的情景，但"退步原来是向前"其实在生活的很多方面都能够适配。万事无绝对，有时候看似是在退步、退让，实则会有更大的收获。比如在人际关系中，适当让步，可能会吃一时的小亏，但会给人留下谦逊大度的印象，让别人看到我们人品上的贵重。同样在职场中也是如此，不为蝇头小利斤斤计较，不在一些小事上做口舌之争，也能体现出一个人的格局和眼界。

我有一个同学，刚毕业的时候去了一家小创业公司，工作了半年左右，公司突然决定调整业务，但为了保险起见，在新项目能稳定盈利之前，之前的项目还是要继续做，结果他们每个人都几乎比平时多出了一倍的工作量。我同学本以为领导会开始"画饼"，严抓考勤，让他们无偿加班，结果没想到的是，老板很痛快地宣布从下月起给所有人发1.5倍的工资，等到新项目稳定盈利后还会有奖金，同时公司也已经开始招兼职的员工，减轻他们的工作负担。这样一个会议开下来，大家都没有怨言了，踏踏实实地做起了自己手头的工作。这个聪明的老板，看似为这个尚没见到结果的项目付出了更多成本，但成功留住了人才，也让员工心里的怨气减少了，员工对公司和老板的满意度提升了，工作起来劲头更足，效果也更好。

正如哲学的唯物辩证法中强调的，事物都有其两面性。所以，生活中即使遇到波折，有什么不如意，也不要用灾难化的心态去看待，多思考其中积极的一面，多总结此时的挫败能启发我们什么。人生不可能永远是顺境，事情也不都是开头漂亮，过程顺利，结局圆满的。事在人为，只要在逆境中也能有所成长，那么退步也可能是向前。

处处逢归路，
头头达故乡。
本来成现事，
何必待思量。

宋·本如

前阵子，我突然注意到一个事：之前大家总爱说"条条大路通罗马"，但现在很少有人提了，反而更多人强调"选择大于努力"。无论是探讨选专业还是选行业，大家都在苦苦寻找最优解，生怕一步走错，就会坠入万丈深渊，再也不能回头了。

神照本如法师身上曾发生过这样一个小故事：有一天，他拿着被誉为"诸经之王"的《妙法莲华经》向师父请教，正等待点拨的时候，师父突然大声喊道："汝名本如！"谁知这一喊，本如福至心灵，突然豁然大悟了。于是，他就写下了这首诗偈，来描述当时的心得。他说，条条都是归乡路，无论从道路的哪一头出发，都能抵达故乡。路就在脚下，本来就是现成的啊，何必还要再思考衡量呢？

是啊，"罗马"也好，"故乡"也罢，我们内心想要抵达的那个地方就在那里。

本来如此，而不是我们思量的结果。只要在路上，无论梦想有多远总有一天能够抵达，反而是生怕选错路，生怕走弯路，而迟迟不肯出发的人，在原地兜兜转转，折腾半天还是徒劳无功。

我有一个师姐，她是我非常敬佩的一个人，文科出身，上学的时候就靠着写稿子、接推文有了不错的收入。我本以为她有了这么多作品的积累，毕业后选择一个内容相关行业写写东西得心应手，她很擅长也有经验，这条路肯定能走得顺风顺水。可是没想到，她毕业后选择了去互联网做产品，工作没两年又去做了研发，总之看起来离她本身的专业和热爱越来越远。前两天我偶然翻到她的微博，发现她的公司调整业务，她现在负责 AI 内容生产，兜兜转转又回到了做内容的老本行。但我觉得这并不意味着她一开始的选择是错误的，更谈不上走了弯路。

现代哲学中的存在主义也认为，人存在的意义是无法经由理性思考而得到答案的，换句话说，人这一辈子要怎么活，没有一个标准答案，我们每个人的个性、经验和自由就是答案，随心而动，活出自我，就能活得精彩，活得有意义。

大胆出发吧，欣赏这一路的美景。与其万般思量，不如边走边转弯，等待机缘，总会有柳暗花明的时候，说不定再抬头时，就已经抵达了梦想的彼岸。

焰里寒冰结，
杨花九月飞。
泥牛吼水面，
木马逐风嘶。

唐·本寂

明明水火不相容，可偏偏寒冰凝结在了烈焰之中；明明柳絮是春天才有的，可偏偏在九月飞舞；都说"泥菩萨过江自身难保"，可泥巴捏塑的牛却能在水面上吼叫；木头没有生命，但雕成的马却在风中嘶鸣。显然这些都是不可能发生的事，那么本寂禅师为什么还要这样写呢？

读着诗中这些奇异的自然现象，我们都明白这些事都是不可能的，强求也没有用，但面对自己的人生时，我们却常常忘记这个简单的道理。功名利禄、荣华富贵，大多强求不来，可又有几个人能做到平常面对，适时放手呢？

有这样一个小故事：一个富翁背着许多金银财宝，想要到远处去寻找快乐。可是他走过了千山万水，也没找到快乐的踪迹，于是沮丧地坐在了路旁。这时候一个农夫背着一大捆柴草从山上走下来，富翁看到他忍不住诉起苦来："我明明是个富翁，可以轻而易举地拥有许多珍贵的金银珠宝，可为什么找不到快乐呢？"农夫听了，放下了沉甸甸的柴草，说："快乐很简单，哪里需要辛苦寻找，放下就是快乐呀！"富翁听了恍然大悟。

人们大多贪得无厌，无论是钱还是爱，或者快乐、幸福，从来都想着多多益善，但背负太多有时候也会成为负担。哲学中有一个基本的观点，认为世界上的万事万物都遵循着普遍且客观的规律，这些规律不以人的意志为转移，它们既不能被创造，也不能被消灭，就像"水火不容"是改变不了的自然规律。同样，我们想要不劳而获，想要万事顺心，想要一夜暴富，也是不符合规律的，每天把这些执念放在心里，又怎么会快乐呢？不如忘掉、放下。

前几年有一个很流行的理念叫作"断舍离"，讲的就是关于放下的生活哲学，舍弃不必要的杂物，斩断不实际的执念，超脱出物质对自由灵魂的束缚。放下，不是要我们去做苦行僧，什么都不要，赤条条地来去，而是说放下一些本不属于我们的东西，腾空心灵，去追寻内心真正的宁静和满足。其实学会放下，也是一种得到。

一树春风有两般，
南枝向暖北枝寒。
现前一段西来意，
一片西飞一片东。

宋·丁元

这一首偈语来源于佛印禅师、苏东坡和秦少游三人之间的一段公案典故。

有一天,秦少游和苏东坡一起吃饭,发现桌上有一只虱子,苏东坡说:"人的身上实在脏,你看,身上的垢秽都变成虱子了。"秦少游听了,反驳道:"虱子哪里是人身上的垢秽变成的,明明是棉絮中生出的呀!"两人为此争执不休,最后决定去问佛印禅师,请他做个决断。

于是,佛印作了这首诗,来化解二人的争执:明明是同一缕春风,吹向同一棵树,带来的结果却不同。风吹向南面的枝头,带来暖意,花繁叶茂;风吹向北面的枝头却阵阵生寒,花叶伶仃。你们两人对同一个事物的感触不同,就像这一棵树的南北两枝一样,你一言我一语,南辕北辙。两种感悟都很有禅意,又何必非要争个对错,分出高低呢?

"向阳花木早为春",这是客观的自然现象。在万物平等的大自然中,阳光普照,不偏不倚,尚且会出现这种"同树不同命"的现象,又何况人们身处复杂社会之中呢。没有人能做到绝对公平,当然也没有人能得到别人绝对公平的对待,如果能看透这一点,生活中就会少很多烦恼。中学的时候,我有一个很好的朋友，她有一个妹妹，父母特别疼爱她妹妹，相比之下，她父母对她的态度就显得十分严厉了。妹妹被宠成了"小公主"，什么家务都不用做，而她却洗衣做饭、修修补补、组装家具样样精通。她一直埋怨父母偏心妹妹，直到她大学毕业，独自在大城市打拼，才发现这样的偏心，其实锻炼出了她极强的独立生活能力。父母小小的偏心，其实又何尝不是因为了解她的性格，知道她未来肯定要离家打拼，所以从小培养，把所有的生活必备技能都教给了她。

哲学中的唯物辩证法认为，世界上的任何事情都不是绝对的，从不同的角度出发能得出不同的结论。《老子》说："祸兮福之所倚，福兮祸之所伏。"生活是苦是乐，有时只在心境的不同。无论是顺境还是逆境，我们都要从容面对。

悟见

三十年来寻剑客，

几回落叶又抽枝。

自从一见桃花后，

直到如今更不疑。

唐·志勤

26

这首小诗非常有意思，前三句读下来，好像没说出什么，最后却来了个恍然大悟"直到如今更不疑"。至于悟出了什么，又怎么能坚信不疑，还得我们细细来读，慢慢来讲。

志勤是五代时的神僧，长庆大安禅师之法嗣，开始时追随大沩禅师，却久未契悟，这首诗就是他悟道时所写的，句句平实，又句句都是多年的心声：多年来啊，我像一位坚韧的剑客，行走世间寻求真理。冬去春来，叶落又抽枝，我却没有留意到季节的更替，岁月就这样匆匆流逝。我寻觅到了什么呢？这世间的真理是什么呢？直到我见到那灼灼桃花，恍然大悟，心中便有了答案，直至今日仍坚信不疑。

作者以寻剑客自比，而我们每个人又何尝不是苦苦求索的寻剑客呢？人生来此一遭，各种困惑、烦扰、压力、惆怅谁不都是第一次应对嘛。上下求索，大家都是在寻找斩断烦恼的利剑，寻找为人处世的通理，来应对生活的变幻莫测，但有时候思考得过多，又会陷进这些道理和规则里，反而被缚住手脚，动弹不得了。

我们身边都有这样的人，喜欢制订计划，还是那种详细周密得甚至能精确到分钟的计划。但这种人往往制订了计划又执行不下去，然后就会把问题归因为制订计划的方法不对，还不够科学、不够完美，又去反复修改计划。最后的结果是什么呢？本来新的一年想多运动，今天计划"28 天有氧"，明天计划"30 天塑形"，计划科学详细，但就是执行不到位，倒不如那些不深究运动科学、不制订完美计划的人，今天随意跑跑步，明天简单跳跳绳，效果反而更好。

所以生活的真理是什么呢？德国哲学家费尔巴哈认为，人的意识是被特定的文化和社会塑造的，换句话说，我们之所以迷茫，并不是因为找不到生活的模式，而是无法将自己完完全全地套进某个模式里。其实，听了再多的道理，最后都应该是引导我们去寻找自己的，而不该让这些道理反过来成为一种与自己对立的苦役。

人生的意义也好，世俗的成功也罢，有人苦苦追寻了一辈子，最后才恍然大悟：放弃那些条条框框，相信自己亲身的体悟，用自己的方式生活，才能迎来松弛的人生。

终日看天不举头，

桃花烂漫始抬眸。

饶君更有遮天网，

透得牢关即便休

宋·守珣

前面我们曾讲过禅僧志勤开悟时写下的一首诗偈："三十年来寻剑客，几回落叶又抽枝。自从一见桃花后，直到如今更不疑。"守珣读后感触颇多，他为寻求开悟，废寝忘食地钻研佛经，却依然觉得茫然，而在这首诗的点拨下，他也在繁花盛开后抬眸的瞬间，悟出了自己内心的真理：整日看着天空却从来不抬头，等到桃花烂漫的时候才睁眼凝眸。就算你有大到能遮住天空的罗网，我也能透过牢笼去抓住光明。

我们都曾孜孜以求，学业、事业、乃至一生的热爱和梦想，也常常会有和守珣一样的苦恼，"终日看天不举头"，明明已经排除一切干扰，专注于自己的目标，却还是不见效。王国维讲人生有三重境界。第一重："昨夜西风凋碧树，独上高楼，望尽天涯路。"是迷茫、孤独。第二重："衣带渐宽终不悔，为伊消得人憔悴。"是执着、积累。第三重："众里寻他千百度。蓦然回首，那人却在，灯火阑珊处。"才是成功、飞跃。无论求学还是悟道，又或者是世间一切的追求，都需要踏实积累，经历一个渐进的过程，急于求成往往会适得其反。

哲学中同样也强调做事要注重一点一滴的积累，事物的发展总是从量变开始，量变积累到一定程度才会迎来质的飞跃。这一点我在考研的时候真真切切地有所体会，刚刚开始复习专业课，光是读都读不熟，后来一遍又一遍，越背越快，甚至能回忆起某段话在笔记中的位置。但即使这样越背越熟，我心里也还是没底，不知道自己到底掌握得如何，就这样怀着忐忑的心情背啊背，学啊学。直到考前半个月，我把脑子里所有的专业知识，按照自己的理解画了一个框架图，有点类似于思维导图。图在纸面上渐渐成型，我头脑中的思路也渐渐清晰，花了一下午的时间把它全部画好后，我给好朋友发了一条消息，说，我肯定能考上。就像诗人在桃花烂漫时抬眸的那一瞬，拨开云雾见天光的那一刻，你会明白自己已经积累到了足够抓住梦想的能量。

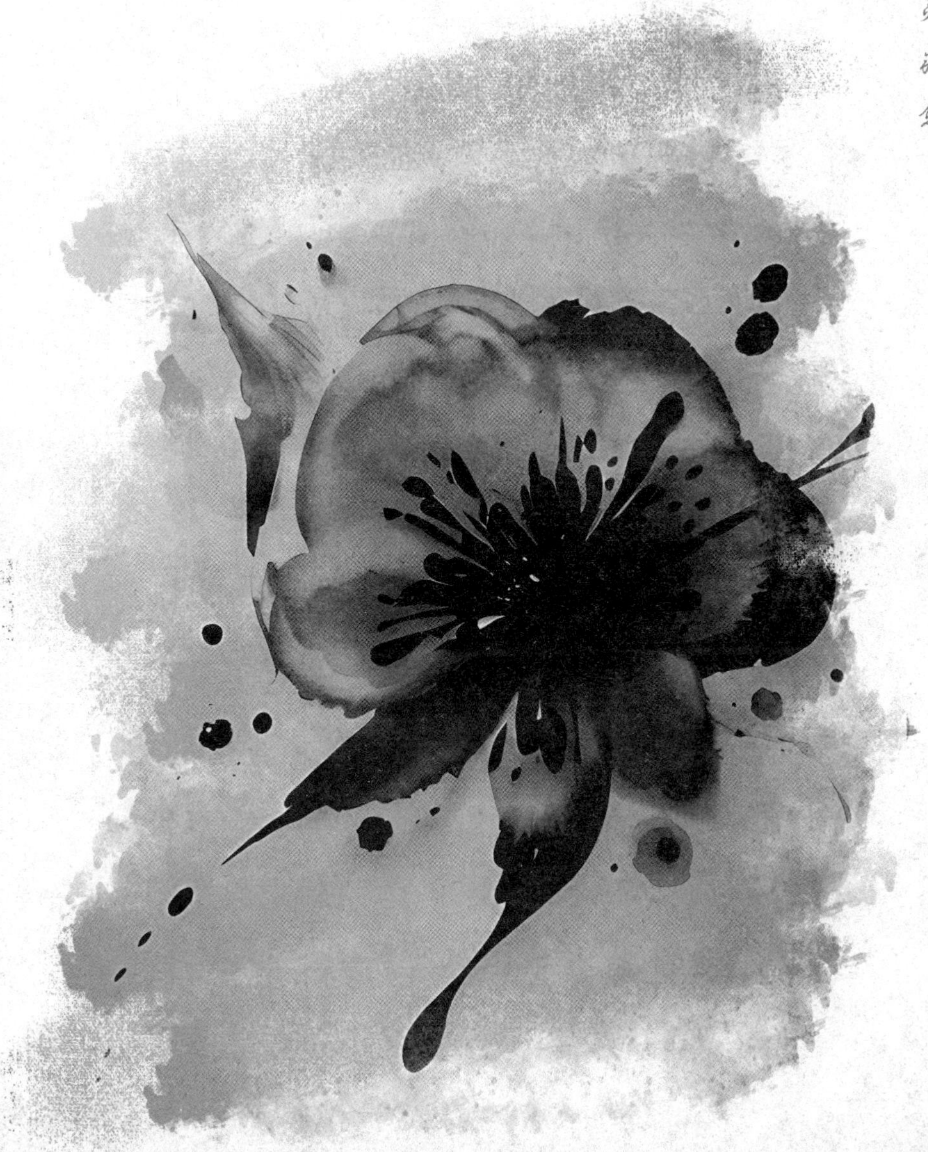

荷衣松食住深云，
盖是当年错见人。
埋没一生心即佛，
万年千载不成尘。

唐·楚云南

收拾了一些简单的衣服和食物，就背起行囊，去往深山寂静之处修禅悟道了，结果多年之后才发现，原来心之所向就是佛之所在，是当年自己误解了修禅的核心所在，这一念之错，差一点就埋没了自己和佛理之间的缘分。

无论是修道者还是普通人，大家都对找寻生活的真谛心有所向，想方设法"荷衣松食住深云"的人也有不少。前几年，假期去寺庙体验"出家"生活曾成为一种时尚，在深山佛寺听袅袅禅音，像僧人一样吃斋饭、做早课、劈柴、挑水，日出而作，日入而息，远离喧嚣的都市，放下不停在响的手机，好像这样的生活才叫平静、安宁。今年又有大批年轻人涌入佛寺"不上班只上香"，寺庙又成为了很多人希望的寄托处、焦虑的存放站。

但这首禅诗的作者楚云南告诉我们，佛不在云山之间，也不在寺庙之中，而在我们心里，心即是佛。懂得这个道理的人会发现，陶渊明说的"心远地自偏"其实不难做到，而领会不到心即是佛的人，哪怕日日住佛寺、听佛音、读经文，等到回归了常态的生活中，也依然是焦虑、迷茫的。

法国哲学家布莱士·帕斯卡说："人是一根会思考的芦

苇。"揭示了人类因思考而伟大。因为人会思考，才能探索浩瀚的宇宙，掌舵自己的人生，而对于人生的平静和安宁，也只能通过自己的思考，通过对自己内心的叩问去寻找答案。

我有一段时间情绪一直不好，调整了很久也没有恢复，特别担心这样持续下去会影响心理健康。后来我找了很多正念的课、训练营想要跟着学一学，但看到网上的评价有点两极分化，就一直犹豫。然后我就去咨询了一个学心理学的朋友，他说："有些人学习正念，只是学了一种方法，用得怎样就因人而异了；还有些人学了这种方法，是启发了自己怎么管理自己的情绪、调整自己的生活，起作用的是正念疗法，但又不能完全说是这个理论、这个课程的作用。"

其实很多事都是这个道理，治愈我们的看似是大自然的鸟语花香、佛寺里的袅袅禅音、书本里的人生哲思，实际上是我们内心的思考、领悟和释然。

悟见

不是风幡不是心，
迢迢一路绝追寻。
白云本自无遗迹，
飞落断崖深更深。

宋·草堂清

是风动还是幡动？这是一则非常经典的公案。有一天，六祖惠能来到广州法性寺，忽然听见两个僧人争论不下。一个僧人说："风吹幡动。"另一个僧人则说："幡动而知风吹。"这两人一个坚持是风在动，另一个坚持是幡在动，谁也说服不了谁。这时惠能走了过来，说了一句："我看，既不是风动，也不是幡动，而是你们的心动！"两人顿时心服口服。

可这首诗的作者草堂清却说，不是风动，不是幡动，也不是心动。这动的心是妄心，是不切实际的想法。我们从哲学唯心主义的角度，可以很轻松地理解"仁者心动"这种说法中的问题，但草堂清禅师却给出了另一种思路，如果按照"心动"的思路去探寻世界的本原，会发现"心"是无形无相的，没有任何可以寻觅的踪迹，就像天上的云朵一样无边无际，找不到尽头，飞落到断崖深处，会发现还有更深的境界。

正如山外有山，人外有人，真理之外还有更高一层的境界、更深一层的智慧。哲学中对于真理的观点认为，任何真理只是对于客观世界的某一阶段或者部分的正确认识，因此真理有其相对性。

这首诗正是提醒我们无论风动、幡动，还是心动，谁的说法都不是权威，要有自己的思考，任何一个阶段的所得、所思都不足适用此后所有的情况。

我一个朋友的叔叔就有这样一段经历：他年轻时很有能力也很成功，从一家大公司离职后，自主创业开了一个小公司，生意做得风生水起，算是一个成功人士了。后来我朋友毕业进入了互联网公司，感受到了互联网的魅力，也察觉到了互联网对传统行业的必然冲击，于是向叔叔建议，重视互联网营销、数字化转型。但她的叔叔并没有听进去，认为之前的方法已经被无数次的成功证明有效，没必要冒险去调整，后来公司果然出现了问题，最终还是走上了数字化转型的道路。

可见，人们求学、探索、增长见识是一生的课题，如果因为一时的成就，把一个阶段中总结的经验和智慧奉为圭臬，从此不学习、不思考、不进步，就会跌跟头。保持谦逊、保持警惕、保持思考十分重要，要明白人生没有一劳永逸。

诗与心灵疗愈

41

悟
见

是风是幡君莫疑，
百草丛中信步归。
王道太平列忌讳，
戏蝶流莺绕树飞。

宋·慧晖

　　到底是风在动还是幡在动，就不要再纠结疑虑了，从百花丛中穿身而过，信步而归就能怡然自得。太平盛世中也总有诸多禁忌，不如就在蝴蝶盘旋时让心也随之飞舞，流莺绕树飞鸣就悠闲地侧耳倾听。

　　生活中有很多不完美之处，还有一些事苦思冥想也找不到答案，但这不应该成为我们享受生活的阻碍，不要太过完美主义，不要将细枝末节处的烦恼和失误灾难化。哲学中的结构主义强调整体性，认为整体比部分更重要。在日常生活中也是如此，所以，不要被某一个小环节困住，不纠结，凡事抓大放小不要过分苛求。切记健康快乐才是生活的主旋律，至于飘摇而动的是风还是幡？一路走来是得还是失？答案或许并没有我们想象中那么重要。

　　我之前合租的时候遇到一个室友，是一名会计，有一次晚上下班，看她哼着歌往屋里走，我就问她："今天有什么高兴事吗？分享分享。"结果她说，没有啊，账上算错两分钱我还重算了一下午。她说这话的时候也还是笑着的，逗得我也乐了，问她怎么工作出问题了还哼着歌，心态这么好吗？只见她晃着一根手指头，冲我做出了一个"NO"的口型，说："我追了半个月的电视剧今天大结局了，不要让工作这颗'老鼠屎’毁了我今天的好心情！”说完又哼着歌，进屋了。

　　总有人畅想完美的“理想国”，抱怨当下的世界越来越糟糕，但这个世界很难尽善尽美，也没有人是全知全能的。人的精力有限，过于追求细节的完美，往往对自己是极大的消耗，无论是工作还是与人相处，我们都是不断犯错又不断补救，在犯错中成长，也在争吵中妥协。不完美才是生活的真相，而不纠结才是幸福的秘诀。

诗与心灵疗愈

45

独坐清谈久亦劳，
碧松燃火暖衾袍。
夜深童子唤不起，
猛虎一声山月高。

宋·俞紫芝

　　这首诗是俞紫芝晚年所写，一天夜宿江苏栖霞寺，看着眼前哗剥的柴火，有感而发：一个人孤独地坐着清谈，久了难免觉得有些累，身上也有了寒意，于是点燃了松木想暖一暖衣袍。夜已经深了，身边的童子睡得太熟，叫都叫不醒。此时窗外响起一声猛虎的嚎叫，响彻山谷，朝外看去，一轮圆月正在空中高高挂着。

　　深夜独坐，总是难免孤独，没有了白天的热闹作为遮掩，这深深的寂静好像把我们内心的声音无限放大了，此时我们只能直面心里的茫然、焦虑、压力。现代人晚上报复性玩手机、凌晨"emo"也大多因为这一点。

　　我身边有一些朋友，晚上下了班总是约着一起吃夜宵、喝酒、聊天，往往是不到后半夜绝不散场。他们也经常邀请我，只不过大多数时候我都会拒绝。有一次一个朋友忍不住问我："你晚上回家，就一个人待着有什么意思，跟我们一起聊聊天不好吗？又不是工作应酬，为什么总是推脱呢？"我听后反问他："你每次和大家一起喝酒聊天，散场之后，回到家里，心里会更踏实吗？还是依然空落落的？"我这一问，他愣了一下，然后拍了拍我，转身走了。

　　哲学中有一个概念叫作虚无主义，认为人生本没有意义，一切都是虚幻。当下，人们面对日新月异的世界，很难再从过去的经验中找到幸福人生的标准答案，因此更容易陷入虚无的困境。然而即使是哲学中的虚无主义，也可以是积极的虚无。德国哲学家尼采就认为，就算人生一切都是虚无，我们还有强大的生命力，面对生命中的无意义，人们应该用自己的生命力去创造价值，找寻意义。

　　就像这首诗的作者俞紫芝，深夜独坐，清谈、礼佛，虽然依旧会有疲惫、孤独的时刻，但只要有眼前温暖的火、山间皎洁的月，也能找到一种治愈身心的方法。全身心地投入当下的每一刻，静坐就专心去感受时间的流逝，烤火就专心去享受暖意流遍全身，用这样的态度珍惜生命中遇到的一花一木，用这样的投入去体验人生中的每一次经历，就会找到内心的平静，拥有有意义的人生。

山前一片闲田地，
叉手叮咛问祖翁。
几度卖来还自买，
为怜松竹引清风。

宋·法演

一个年轻人看见家附近的山前有一块空着的闲田，于是回家询问祖父它的来历。祖父回答说："这片田我几次都将它卖掉了，但最终还是自己买了回来，因为我实在喜欢这田里的青松翠竹，它们能带来徐徐清风。"

这首诗表面上说的是一个寻常的田地买卖的故事，但其实强调的是，事物的价值在于其本身，而非外在的评价，就像哲学中唯物主义认为物质才是本原，意识只是派生。

这块田地卖来卖去，换了好几个主人，都没有被好好利用起来，是这块田地不好吗？或许只是没有遇到懂得开发利用的人而已。最后它原来的主人又将它重新收到了自己手中，只为了这里的松竹清风能有人懂得欣赏，不被辜负。然而反观当下，多少人把他人的评价奉为圭臬，却忘记了自己的优势和价值本就闪闪发光，并不会因外界的评价折损呢？

生活中真的太常见到这种现象了，别人几句讽刺，就觉得自己能力平庸，自卑焦虑；领导一句批评，就觉得自己一无是处，开始自责内耗。我从前的一个同事就是这样，方案交上去，领导说了一句中规中矩没什么创意，然后她就开始自我怀疑，问我："你说我是不是进入平台期了？我的创意水平是不是就到这儿了？"过了一段时间，她又负责策划了一个活动，需要经常跨部门沟通，结果领导又说，活动的成果没有达到预期，是她没有做好协调。这件事让我的这位同事更加焦虑，不光怀疑自己的专业能力，也开始质疑自己的沟通能力，没过多久就因为压力过大辞职了。她真的能力很差吗？我想未必。她可能只是不懂得运用自己的优势，不懂得扬长避短，得到了不好的结果，在负面情绪的影响下，又不能理性分析，才会觉得自己处处平庸，一无是处。

其实每个人都有自己独特的优势，我最喜欢李白的那句"天生我材必有用，千金散尽还复来"。认可自己的价值，不因为别人的一句贬损就妄自菲薄；挖掘自己的潜力，把优势打磨成自己不可替代的核心竞争力，只有这样才能保持内核的稳定，抵御住风雨。

常忆西湖处士家，
疏枝冷蕊自横斜。
精明一片当时事，
只欠清香不欠花。

宋·普度

这首诗是普度禅师为一幅墨梅画作题写的，看着画中遒劲的枝干、粉嫩的花蕊，感随心动，写道：常常回想起西湖处士林逋的生活，在家中院落里种满梅花，花枝稀疏，自然地错落着，暗香清冷；他当时的生活十分自在，但就像这画中的墨梅一样，还欠缺一缕自然的清香。

落在纸面上的梅花自然是"只欠清香"，但林逋的生活其实未必。他远离庙堂，寄身山水，舍弃了世俗的功名利禄，过着种梅养鹤的恬淡生活，独善其身也是一种活法，又何来"只欠清香"呢？

在法兰克福学派批判理论中，有一个重要的概念叫作工具理性，是指人只为追求功利而行动，纯粹从效果最大化的角度考虑问题，而漠视人的情感和精神价值。一些古人可能总觉得寄身山水的生活少些繁华，不够圆满，而现代人则为"能不能躺平""该不该躺平"在网络上争论不休，其实都是或多或少受到了工具理性的影响。

"穷则独善其身，达则兼济天下。"这一直被视为君子应有的道德，可实际上大家更侧重于后半句，希望人人都有"兼济天下"的抱负和壮志，却往往忘记了独善其身也是一种可与之并列的选择。

现代人的孤独、迷茫中，其实多少都带有一些对选择独善其身的不自信和不确定。我有一个同事，在事业巅峰时期选择了辞职回乡，回到了云南的一个小镇，养花、种菜，自己开了一个小工作室，小日子过得风生水起，转型后新事业也蒸蒸日上。但在她刚刚离职的时候，有人讽刺她江郎才尽，是害怕事业走下坡路，当了逃兵；有人担心她，离开大平台自己创业，收入不稳定；还有人打赌，她早晚还是要回到大城市奋斗，养花、种菜、选择自由职业之后困难重重，是她太乐观了。一开始，我这个同事自己心里也有这些迷茫，但她还是选择了跟随自己的心之所向，事实也证明，适合自己的才是最好的，居江湖之远也能做出一番事业。

我们都是普通人，能够接纳自己，在人生的起起伏伏中，找到一份自己的安宁和自在，已经足够成为一种精彩。

岩上桃花开，
花从何处来？
灵云才一见，
回首舞三台。

宋·法因

这又是一位因桃花而悟道的禅师。

有一天，法因的师父慧日文雅禅师，举出了灵云的桃花悟道诗来启发他，问："山岩边上有桃花盛开，这桃花是从哪里来的呢？"法因左思右想，说出好几个答案，但慧日禅师都回答道："不对！不对！"忽然之间，法因福至心灵，写下了这样一首诗偈："岩上桃花开，花从何处来？灵云才一见，回首舞三台。"

这样的回答十分有趣，虽然诗里说的是灵云禅师，但实际上法因指的是自己。岩上桃花，指的不仅仅是花，还代表了宇宙间的万事万物，桃花作为万物中的一种，若知道桃花从何处而来，进而也就找到了万物之本原，是不是也就明白了人生的真谛呢？故而，灵云禅师仅仅看了一眼那桃花，就好像将世间的一切法则圆融起来了，有一种顿悟之后万法自来的从容，从此便可以自由自在地行走于天地之间了。

老子认为"道生万物"，天地万物都是依照某个规律发展变化的，而"道"就是世界的本原。探索万物的本原，探索万事万物运行的法则，是古今中外的哲学家们执着探索的命题。这个问题为什么有这样大的魔力呢？其实，去思考这些最基本的哲学问题，也是在思考我们作为个体存在的意义。

"寄蜉蝣于天地，渺沧海之一粟。"面对着浩瀚宇宙，人人都会生出一种虚无的感觉，就如蜉蝣置身于广阔的天地，就像沧海中的一粒粟米，是那样渺小。有时候从一个更宏大的角度去看待生活，我们就会发现，有些烦恼不过是庸人自扰。我父亲就特别喜欢用爬山的方式排解心里的苦闷，他说，爬山的过程就好像是一种对自然的征服，只有登上山顶才会发现，一山更比一山高；生活中我们有时候也会自以为克服了万难，终于能"一览众山小"，最后才发现要走的路还有很远，生活远没有那么简单。而在群山之间远眺，才能真切地感觉到在广阔的自然面前人是那么渺小，生活中那些小心思、小烦恼，更是不值一提了。

所以面对压力和烦恼的时候，不妨停下来看看山川大海，思考思考自己在世界中的位置。在时光的长河里，我们的一生短得好似一瞬，又何必浪费时间去烦恼那些琐事呢？

朝看花开满树红，
暮看花落树还空。
若将花比人间事，
花与人间事一同。

唐·龙牙

有一个问题困扰了我很久，人到底应该先苦后甜，延迟满足呢，还是应该及时行乐，享受当下呢？

几个月前，我父亲接到了老同事打来的一通电话，说女儿生病了，手头周转不开，想要借点钱。父亲向我转述的时候，我吃了一惊，这个姐姐比我大五六岁，小时候我们两家曾做过一段时间的邻居，她还经常带着我玩。她从小学习就很好，后来搬家也是因为考上了一个很好的高中，听说大学考上了日本的一个名校，在日本学习工作了几年挣了不少钱，还给父母换了个大房子。所以，即使父亲没细问，我也知道她生的恐怕不是小病，能把电话打到我父亲这里，家里一定已经花了不少钱。

可以说这个姐姐一直是"别人家的孩子"，上学的时候分数高，工作的时候工资高，勤奋还聪明，人生一路"开挂"，没想到遇上的第一个坎，就这么难迈。我不禁感慨，人生如戏，难以预测，就像龙牙在这首诗中说的：早上看时，满树花开灿烂；到了晚上再看，却是花落枝头空。如果用自然中的花开花落来比喻人生诸事，也是一样的道理。花开花落自有时，朝开暮谢总无常，一如人的祸福生死，变幻莫测。

63

哲学认为事物是永恒发展的，事事在变，时时在变。所以，生命中的一些美好，可能如昙花一现，人生路上的许多苦难，也可能会有转机，这些都不被我们的主观意愿所控制，所以我们能做的只有允许一切的发生，接受生活中的不确定。

人生就像花一样，短暂而美丽，也正如花有花期，我们每个人也有自己的时区。有的人早早功成名就，却遗憾英年早逝；有的人半生碌碌无为，却能厚积薄发。所以何必羡慕别人呢？我们应该展望未来，有所规划，但也不必为追赶别人，打乱自己的步伐。更重要的是，人不能只活在对未来的畅想中，而应该踏踏实实过好眼前的日子，让每一天都不留遗憾。

南去北来休便休，
白苹吹尽楚江秋。
道人不是悲秋客，
一任晚山相对愁。

宋·程颢

在南来北往的旅途中，想休息就休息吧。萧瑟的秋风一吹，江里的白苹都消失了，俨然已是一派深秋的景色。但我可不是那伤春悲秋的文人墨客，就任凭那楚江两岸的山峦相对忧愁吧。

"一任晚山相对愁"是一种释然，也是一种豁达、一种智慧。程颢是北宋的哲学家，理学的奠基者，他认为万物本属一体，人生的最高境界就是发明本心，保持自己内心的宁静，不疾不徐，不被外物影响自己的脚步。

人生的旅途中少不了长途跋涉，如果一直紧绷着一根弦，可能没到终点就筋疲力尽了。然而当下互联网上各种"年少成名"的故事总让人眼红，什么"20岁自媒体博主粉丝百万""00后创业成功当上CEO"，让人心生焦虑，不断为自己加码。但这种绷紧神经、一刻不敢停歇的状态显然是不可持续的，而且这样的努力未必就能带来显著的成果。

有一次我曾请教一位厉害的前辈，我问她，你在工作上成长这么快，周末还经常在家读书充电，是不是每天都有特别详细的计划，把每一分钟都利用到极致了呀？她听了以后神秘地笑了笑，说："我从小就不是一个勤奋的人，最不喜欢日程排得满满当当的感觉。其实我一天中有很大一部分时间都用来玩了。"我听得来了兴趣，后来前辈又热情地跟我分享了她是怎么见缝插针地放松、休息，彻底颠覆了我对她生活的想象。

　　总结下来，这位前辈有两个做事的原则。第一个原则是专注，高度专注并且快速地完成主要的任务，而且不追求完美，不在细枝末节上较真，比如多花一个小时能把 90 分的成果提升到 95 分这种事，她从来不做。第二个原则是，把所有不能专注做事的时间都用来休息，有时候就是纯粹的放松娱乐，有时候则是去发展自己的爱好，去认真生活。

　　其实人生更像是一场马拉松，而不是冲刺跑，所以想休息就停下休息吧，偶尔停下，没什么大不了。

玉在池中莲出水，

污染不能绝方比。

大家如是苦承当，

洞庭一夜秋风起。

宋·了元

如玉般光洁的莲花在水面盛开，出淤泥而不染，好像任何的泥泞都不能将它污染。如果我们保持本心，像莲花一样纯洁，自然也能心绪平静，就像洞庭湖的水面，秋风乍起，也只是微波粼粼。

北宋思想家周敦颐的名篇《爱莲说》流传千古，他把"出淤泥而不染"的品格视为一种"可远观而不可亵玩"的神圣存在，的确很少有人能做到不被环境浸染，始终保持内心的高洁、纯净，但这绝不该只成为一种心向往之的境界，因为这其实也可以是一种执着、纯粹的人生态度，每个人都可以努力去达到。

说到环境，我想起一句网络上的流行语："真正的强者从来不抱怨环境。"我想大多数人会把它当成网络上的调侃，听过就过去了，但如果再深入进去想一层呢？为什么强者从来不抱怨环境，而普通人却常把失败说成时运不济呢？

所谓的不抱怨，并不是因为有铜头铁臂，在大风大浪的洗礼下也能不受侵袭，只是"强者"心性坚韧，专注于自身，专注于眼前，不抱怨改变不了的环境，只调整自己可控的心态而已。哲学的唯物论中强调意识的能动性，强调要重视精神的力量，就是这个道理，我们内心相信什么，就能做到什么。

　　苏东坡和佛印之间有一个有意思的小故事。有一次，苏东坡和佛印一起打坐，问他："你开启慧目，能看到我是什么？"佛印回答道："我看到的是一尊金佛。"苏东坡很得意，然后又恶作剧般地开玩笑道："可我用慧眼看你，看到的是团牛粪啊。"说完以后，他哈哈大笑，觉得这次占到了佛印的便宜。可佛印却并不在意。苏东坡回到家，得意地把这件事告诉妹妹，没想到妹妹却说："你不知道见人见心如见性的道理吗？你心中有什么，眼里就会看到什么。佛印说你是一尊佛，那是他心里有佛，而你说看到牛粪，那你心里又有什么呢？"苏东坡这才恍然大悟。

　　同样，我们抱怨环境，其实更多的是面对外界阻力时的恐惧，如果我们的内心足够坚定、专注、执着，那么即便惊涛骇浪翻滚而过，在心里也不过只是微波粼粼。

悟见

嗔是心中火，

能烧功德林。

欲行菩萨道，

忍辱护真心。

唐·寒山

佛门有五毒：贪、嗔、痴、慢、疑。其中，嗔是指愤怒、抱怨。这首诗就是告诉我们：嗔恨是心中的一团火，能毁掉你过往积累的所有善业。想要修行到菩萨的境界，就要潜心修习荣辱之道，守好本心。

生活中我们经常会有这样的感受，情绪一上头，人就像着了魔一样失去了理智，什么道理也听不进去了，做事不管不顾，只考虑一时痛快，结果伤人伤己。其实对别人宽容，并不是懦弱，而是心胸宽广的体现，更是一种人生的智慧。

上中学的时候，我们班上有一个男生成绩特别好，但是大家其实都不怎么喜欢他，他也没有什么朋友。为什么呢？就是因为脾气不好，爱发火，得理不饶人。他和别的同学一起讨论题目，本来是互帮互助的好事，但他经常因为自己的解法是正确的，别人的解法是错误的，而不顾他人感受，甚至带着批评讽刺的语气去说别人解题思路的漏洞。这样下来，久而久之，也就没人愿意和他说话了。

不论是在生活中还是工作中，我们都难免遇到和我们意见相悖的人、性格合不来的人，会发生争执，会有生气、埋怨的时候。但"一念嗔心起，百万障门开"，针锋相对，逞一时口舌之快，可能会落得别人的怨恨，破坏人际关系的和谐，从而为自己日后的工作、生活带来更多的麻烦。

　　哲学中讲矛盾分析法，强调看问题要一分为二，学会换位思考。其实人与人之间的相处，有时候不在一两件事情的对或错，更重要的是要照顾到别人的情绪，顾及别人的脸面，说话做事留有余地。俗话说："伸手不打笑脸人。"有时候我们用谦和包容的心态去处事，退一步海阔天空，许多矛盾就能够有所缓和，而自己也不必因为鸡毛蒜皮的你争我吵影响心情，徒添烦恼了。

　　"不以物喜，不以己悲"，不纠结于外物的好坏、他人的对错和自己一时的得失，做一个情绪稳定的人，以积极的心态去面对生活，自然也就没有那么多鸡飞狗跳的麻烦了。

放出沩山水牯牛，
无人坚执鼻绳头。
绿杨芳草春风岸，
高卧横眠得自由。

唐·怀海

　　唐代的百丈禅师怀海是禅宗著名高僧，他在旧教规戒律与禅宗发展冲突的情况下，大胆进行了教规改革，设立了百丈清规。《百丈清规》问世后，千余年来虽屡经删修，但始终以怀海的原本为基础，成为历代寺院的基本法规和禅宗僧侣必须遵循的基本规戒，影响深远。

　　怀海座下弟子众多，其中有位弟子十分风趣，他因为期望自己百年后能做一头沩山下的牛，所以有个"沩山牛"的雅号，这首诗就来源于他们师徒二人间的一个小故事。

　　有一年冬天，师徒二人在禅房里打坐参禅，屋外天寒地冻，屋内生着火炉，暖意十足，但炭火在不知不觉中快燃尽了，于是怀海叫弟子去拨炭火。弟子上前用火钳拨了一下却不得要领，把剩余的一点火星埋在炭灰里了。"沩山牛"拨弄了半天，炭火也没能重新燃起，怀海只能亲自出马，拨弄出一点火星，便指给他看，这时弟子忽然开悟了，怀海心中大喜，写下了这首诗。

　　从此往后，这头沩山的水牯牛，再也不需要别人牵着他的鼻子了，他已经悟出了佛理，达到自由无碍、闲适自得的禅境了。春风拂过堤岸，杨柳依依，芳草连天，他可以高枕无忧，自在酣眠。

英国哲学家洛克提出，人的心灵本来是一张白纸。我们去经历、学习、思考，就是让各种观念和知识书写在这张白纸上，进入我们心灵中的过程。开始时寥寥几笔，看不出什么图景，随着笔画增多，又渐渐杂乱无章，直到理出头绪，形成骨架，才能让后续的每一笔都融入其中，浑然天成。

把学识和经验的积累沉淀为一种智慧，是一门很深的学问，并不是只要持续积累，等到一定程度就能自然而然地领悟。美国作家威廉·德雷谢维奇曾提出过一个概念叫"优秀的绵羊"，指的是一些成绩顶尖，但缺乏独立思考的能力，他们只是随波逐流的人。我身边有一个同事，可以说他就像一个"优秀的绵羊"，他毕业于国内顶尖的学府，表现非常优秀，无论做什么事，他都力求做到最好，但这样的完美主义在工作中并不是很奏效，经常理不清头绪，一团乱麻。

可见，优秀、完美并不是一切问题的答案，在我们的判断力还不够、价值体系还不稳定的时候，很容易被别人的观点牵着鼻子走，只有领悟到自己真正的心之所向，才能闲适自在。

滔滔不持戒，

兀兀不坐禅。

酽茶三两碗，

意在镢头边。

宋·慧寂

　　这首诗的作者慧寂禅师是一个个性十足的人，无论从他的经历还是笔下的文字中，都能看出他性格中的那份潇洒和执着。慧寂一心向禅，九岁时曾背着父母投广州和安寺，从不语通禅师出家。十四岁的时候，父母派人把他抓回家，强迫他娶亲，但慧寂禅师坚决不从，并砍断了自己的两个手指头，跪在父母面前，发誓欲求正法，以报答父母的养育之恩。父母无奈只能同意，于是慧寂重新回到了不语通禅师座下修行。慧寂悟道心切，在还没有受具足戒的时候，就以沙弥的身份，开始游方参学，后写下了这首为大家所熟知的诗作。

　　我的心自由自在，何必受戒；我的心如如不动，又何必静坐修禅。闲来喝两三碗浓茶，只想扛起锄头下田，虽然劳作辛苦但也觉得意趣无边。坐禅本应该是每个僧人的日常，慧寂却不走寻常路，不持戒也不坐禅，而是按照自己的喜好，把下田耕种当作一种修行。但即使这样不务正业，慧寂也依然成为了一位高僧。

　　世上种种事，看似规则烦琐，实际上并没有太多条条框框，条条大路通罗马，不去理会世俗的约束，按照自己的性格和喜好去生活，哪怕是做出一些看起来更小众的选择，也并没有我们想象中那样艰难。

　　我堂妹也是一个恣意潇洒的人，因为一次旅行决定去芬兰留学，毕业后在欧洲各个国家旅行、工作，上学时打零工做过超市收银员，在全球知名的大企业做过实习生，做过自媒体，后来又成了一个"数字游民"。可以说她的每一个决定都让家人心惊胆战，叔叔找过我好几次，让我劝劝她，回国找个喜欢的工作踏踏实实上班，但我心里其实非常羡慕也很佩服她，人生应该是一片旷野，什么样的生活更好，没有人比她自己更有发言权了。

　　就像德国哲学家费希特所说的："每个自我的意识产生，依赖于每一次对非我的把握，自我意识是自己设定自己的存在。"我是谁，要成为一个怎样的人，要过一段怎样的人生？相信每个人都曾在心底，不止一次地这样叩问自己。唯有不断识别并拒绝那些"非我"，才能在一次次的选择后找到内心的答案。

悟见

碧涧泉水清，
寒山月华白。
默知神自明，
观空境逾寂。

唐·寒山

86

　　泉水清澈，月光如练，山水之间，一片寂静。静坐此间，将世间万物都看淡，心也就与世界一起安静下来了。

　　内心越澄澈，对外物的执念越少，越能参悟佛理，找到内心的平静。生活也是一样。经历的坎坷越多，越能明白一个人的幸福更多是取决于心境。人生不如意事十之八九，人人都有自己的难处，如果不会调节心态，总是怨天尤人，那日子又该怎么过下去呢？

　　苏轼有一句很有名的诗："此心安处是吾乡。"这背后还有一个小故事，说的就是好心态的重要性。苏轼有一个朋友叫王巩，因为受到"乌台诗案"的牵连，被贬到荒僻的岭南，岭南生活艰苦，但他的妾柔奴仍毅然随行。几年后，王巩奉旨北归，苏轼作为朋友第一时间赶去探望。两人久别重逢，把酒言欢，王巩还让柔奴给苏轼敬酒。苏轼惊奇地发现，柔奴非但没有憔悴，反而更加神采奕奕，于是奇怪地问道："岭南的生活条件应该不是很好吧？"言下之意是，岭南的日子恐怕不好过吧，怎么你反倒比之前状态更好了？可柔奴却淡然一笑，答道："此心安处，便是吾乡。"苏轼听后心生感慨，于是有了这首诗。

可见，心境有时真的能够改变人生。哲学中的唯物辩证法就强调人意识的能动作用，调动自己的主观能动性，积极地面对。同样的环境，心境不同，有人只见车马喧，有人却能心远地自偏。很多时候大环境是无法改变的，作为普通人我们很难跟随自己的心意，去山水之间依山而居，既然如此，为什么不接受现实的情况，转变自己的心态呢？先改变自己的心境，再力所能及地去改善自己身边的小环境，一步一步来，日子也会更有盼头。

人生如果能懂得知足，看淡钱、权、利这些世俗中的身外物，心中澄澈，自然就能收获安稳踏实的幸福。

千峰顶上一间屋，
老僧半间云半间。
夜晚云随风雨去，
回头方羡老僧闲。

宋·志芝

一个修道的老和尚，在高高的山顶上建了一间茅屋，山间云雾缥缈，就好像屋子也在云端一样，老僧人开玩笑道，这茅屋他只住了半间，还有半间是给云住的。

老僧人借山而居，生活自在，反而调笑云朵，一到夜晚就随风散去，飘飘摇摇忙忙碌碌，还不如他一个老僧过得悠闲安稳。

有个成语叫"闲云野鹤"，可在这个老僧看来自己比云还要清闲自在，这种知足而且乐观的心态是非常难得的。人是社会性动物，只要身处社会之中难免会被和他人比较，尤其是在当下这个竞争激烈的环境中，比较更是无处不在。然而，大部分人其实都爱以人之长比己之短，然后就陷入了无止境的内耗中，不断否定自己，越来越焦虑。我们总是看别人日子过得风光无限，止不住地羡慕，好像迷茫的、挣扎的只有自己，其实每个人都有自己的艰难，就像老话说"家家有本难念的经"，所以知足者方能常乐，不必把别人的生活想象得一切都好，更没必要一味妄自菲薄。

前几天隔壁部门的同事和我们一起吃饭，说起他们新来的一个同事，之前好几年都没有工作，因为一直在家里照顾生病的父母，估计几年下来家里的积蓄也不多了。但他说起这件事却是云淡风轻的，说父母康复就是最大的福气，钱没了还可以再挣，只要父母还在就是好日子。现在他每天上班状态都很好，早上总是和同事们热情地打招呼，乐呵呵的。谁都不可能事事顺心，世上也不存在十全十美，有一个知足的心态，总能看到自己幸运的地方，幸运就会常常眷顾。

庄子的《逍遥游》中蕴含着这样一种哲学思想：人顺应本性就能得到一种相对的幸福。每个人都有自己独特的价值，也会因此有着不同的热爱和使命，并没有高低之分，所谓世俗意义上的成功有钱有权，并不是一切问题的答案，就像这个老僧人，他的位置就在云山之间，他追求的就是这茅屋半间，却能过得比很多人都幸福。

知足的心态是非常宝贵的，如果一个人发自内心地相信自己是世上最幸福、最幸运的人，那么他一定就是，因为能够拥有这种好心态，本身就已经是最大的幸福了。

麻砖作镜不为难，

忽地生光照大千。

堪笑坐禅求佛者，

至今牛上更加鞭。

宋·了元

开悟后忽然觉得豁然开朗，天地一片光明，似乎想要把砖石磨成镜子也不是难事。但只知坐禅来求悟的修行者，并没有看到坐禅不等于参禅，也就与佛理无缘。参禅不该拘泥于形式，因此一旦为自己附加上了各种条条框框，也就失去了本来的意味，就像驾牛驱车，不鞭打牛，牛不拉车，而鞭打牛又不禁要问，我们本来是想要牛动还是车走呢？凡事如果认不清自己的目的，只能是南辕北辙。

在我们的日常生活中也是如此，一旦弄清做一件事的目的就不要拘泥于形式，比如，如果我们就是想要多多赚钱，就不要把一份工作所谓的"体面"与否作为考量的第一要素，让决策变得混乱复杂。而当弄清了自己的目的就不要纠结，更不要跑偏，一件事就是一件事，一件事就只能达成一个目标，不要因小失大。

哲学的唯物辩证法同样认为，做事应该分清轻重缓急，抓重点解决主要矛盾，而不是被细枝末节牵着鼻子走。

网络上对于工作和生活如何平衡的讨论似乎是永恒的话题。工作是为了更好地生活，我相信绝大多数人都是认可这一点的，但实际情况往往却是，人们似乎一头扎进升职、加薪的"升级打怪"游戏中，而忘记了本来的目的。

　　前段时间我偶然刷到了一个博主，他在视频里面分享了一些做副业的经验和思路，评论区有一条评论点赞很多，他说自己不光在做副业，周末还会抽出一天时间去做另一份兼职，给一个初中的学生补课。他还发出了自己的日程表，安排得满满当当，我甚至觉得他除了吃饭睡觉之外所有时间都在工作，难道这就是他想要的生活吗？我觉得答案应该是否定的。这让我想起了我刚刚毕业的时候，因为工资不高，生活过得紧紧巴巴，也会做一些兼职，但后来手头稍微宽裕一点就马上不做了。因为我很清楚，钱是赚不完的，而生活的时间被挤占就换不回来了。

　　如果我们敢于直面内心真实的意愿，敢于暴露出做一件事的真实目的，然后不拘形式、不拘小节地朝着这个目标努力，相信很多问题都会迎刃而解。

悟见

雨在时时黑，
春归处处青。
山深失小寺，
湖尽得孤亭。

宋·唐庚

诗人唐庚是北宋时期一位著名的文学家，因为其诗文有苏轼的意蕴，遭际也与苏轼相似，故有"小东坡"之称。唐庚被贬惠州期间，游山玩水，参禅拜佛，写下了不少禅诗，本诗就是其中一首。诗句从天气写到自然风光，最后落脚在一得一失，寥寥几句对山间闲游的所见所感娓娓道来，饱含禅趣，意蕴无穷。

雨还没有下完，天空时时阴云密布；春回大地的时候，处处碧草如茵，生机盎然。深山老林中遥遥回望，在层峦叠嶂的遮蔽下，看不到山间曾游玩过的寺庙；雾气氤氲时，只有信步行至湖水尽头，才能得见湖心小亭，立于水中。

就像雨过自会天晴，春暖自然花开，生活中许多成果的达成都会发生在一个恰当的时机，着急是急不来的。俗话说"车到山前必有路，船到桥头自然直"，并不是没有道理。但我们在面对人生的选择时仍不免焦虑、迷茫、恐惧。对此，丹麦哲学家克尔凯郭尔曾提出过一个叫"信心跳跃"的观点。"信心跳跃"说的是，当人面临抉择的时候会感到焦虑，而最后做出决定其实是一种跳跃的动作，它无法用逻辑方法来推演，我们只能勇敢地"纵身一跃"，跟随心之所向。

　　对于当下的决定，成功与否时间自会给出答案，到头来我们往往会发现很多一时间困扰我们的问题，长远看来其实不值一提。比如裸辞，因为这两年就业形势不太好，竞争比较激烈，互联网上大多数声音是在劝我们不要轻易跳槽，更不要轻易裸辞，保住饭碗才是王道。但我观察身边的同学、同事，还是有一部分人义无反顾地选择了裸辞，然后开始四处旅行，探索人生另外的可能性。我在朋友圈看到一个老同学裸辞的时候，羡慕地问她，怎么做出的这么勇敢的决定，她只是简单地回了一句："也不难，离职申请提交上去，辞职其实就是那一瞬间的事。"

　　的确，有时候我们回过头想想，人生的很多重大决定就是在几个瞬间完成的，犹犹豫豫后的选择未必更谨慎，当机立断地快刀斩乱麻也未必是莽撞，任何结果的背后都是长久的积累和恰当的机缘，而并非那几个瞬间的事。所以，勇敢地做出内心真实的选择吧，人生的旷野中哪一个方向都是向前。

春看湖烟腻，
晴摇野水光。
草青仍过雨，
山紫更斜阳。

宋·唐庚

这也是诗人唐庚游玩后写下的禅诗，与前一首一样都是写景抒情。春天来了，湖面烟雾缭绕，给人一种化不开的黏腻之感。天晴雾散，湖水波光粼粼，碧波荡漾。青草经过春雨的洗礼，显得更加青翠欲滴；烟雾凝聚的山头，在暮霭中呈现一片紫色，斜阳返照，更添几分色彩。

烟雾笼罩的时候闷闷的，看不清前路，只是一片迷蒙，等到天晴雾散，拨云见日，才能得见眼前美景，若不经风雨洗礼怎见彩虹？哲学中的唯物辩证法把这解释为，事物的前进中必有曲折，在曲折中向前才是事物发展永恒的路径，其实人生也是一样的道理。我们每个人都似在雾中行走，未来充满变数，充满不确定，但这一路摸爬滚打跌跌撞撞的过程，正是让我们的内心不断变得坚韧的过程，只有内心足够强大，才能禁得起人生的风风雨雨，尘埃落定时，才能接得住命运颁发的勋章。

相反，如果人生之路太顺遂，没有经过磨难，没有收获到一些必需的经验和教训，看似是少走了弯路，却未必真能品尝到成功甜美的果实。有这样一个小故事，讲的是一个渔夫和他的几个儿子。这位渔夫捕鱼技术精湛，是当地有名的"渔王"，可他却非常苦恼，因为他将毕生的捕鱼经验全部传授给了三个儿子，但他们的捕鱼技术却很一般。一天他正在抱怨，一位路人听到后问他："你一直手把手地教他们吗？"渔夫回答说："是啊，我教得很仔细，为了让他们少走弯路，他们从小就跟着我学。"路人告诉他："看来，问题就出在这里没错了，你只传授给了他们技术，却没传授教训。"不在大风大浪中去摸索海浪的规律、鱼儿的习性，光靠纸上谈兵是练不出技术的。

有些成长必然要经历一番挫折，风雨过后回首再看，才更能欣赏风平浪静、阳光灿烂的风景动人，才能品味出人生苦辣酸甜各有滋味。要相信人生总是"关关难过关关过"，但若不经历风雨，便会一直停步不前。

岭上白云舒复卷，
天边皓月去还来。
低头却入茅檐下，
不觉呵呵笑几回。

宋·守端

现在人们经常感慨，虽然生活更富足了，但快乐似乎越来越少，人们的快乐大多和得到的财富、取得的成就、收获的赞誉挂钩，而很难因为一抹夕阳欣喜，因为一缕阳光温暖，因为一片云彩雀跃，去享受那种纯粹的乐趣。

而守端独坐山间，看着天边云卷云舒，明月缺后又圆，欣喜于一切看似不完美的，最终又会归于圆满。他看着这美丽的风景，低头走进了茅草屋檐下，心中充满了愉悦，不由得莞尔一笑。

守端禅师这莞尔一笑，对于受困于优绩主义的人们来说弥足珍贵。人生并不是追求圆满就能获得圆满，反而越是追求某一样东西，越会在追寻的路上错过其他的风景。比如，上学时苦苦追求成绩的卓越，或许就错过了探索自身爱好的机会；工作时一头扎进升职加薪的目标，或许就忽略了工作、生活和家庭的平衡。"白云舒复卷，皓月去还来。"有很多东西不是执着追寻、付出努力就能获得，不如放下，月缺时便欣赏缺月的风景，月圆时便珍惜圆月的皎洁，便不会错过任何一种绮丽，而该收获的一切兜兜转转，最终仍会被我们握在手中。

中国古代哲学中有一个非常重要的观念叫作顺其自然，也就是要尊重、顺应事物发展的客观规律，自由发展，而不要人为地去做过多干预，这样就能得到最好的结果。

我有一个很好的朋友，她就是一个"顺其自然"的乐天派，对一切都充满了好奇。她的人生座右铭就是：工作只是生活的一部分。比起一些为提升业绩打破头的人，她对待工作上的结果和晋升从来都是顺其自然，即使工资不高，她从来不焦虑，因为她有一套"穷开心"的办法，并不想为了几百块钱让工作挤占生活。都说上班后生活就会变得乏味、单调，每天能发朋友圈的只有下班路上拍到的云彩，但我这个朋友完全不是，她总能在平淡的生活中找到很多小乐趣，比如一个心形的榴莲壳、虾皮里面意外出现的小螃蟹、一根漂亮得像漫画图标的胡萝卜，等等。我非常羡慕她对生活这种敏锐的感知，也在心里向往这种纯粹又简单的快乐。我想这也是一种能力，是一种人生智慧。

但愿我们每个人都不会被生活的风雨磨掉感知快乐的能力，始终以一种乐观、从容的心态去看待生命中的月缺月圆。

万境万机俱寝息，
一知一见尽消融。
闲闲两耳全无用，
坐到晨鸡与暮钟。

元·石屋

万种境界、万般机妙全都安静、停息下来，耳闻眼见的一切全部消融在静寂中。两耳清闲，不闻红尘世事，从晨鸡叫晓坐到暮钟声声，安然自若，心里只有平静和释然。

现代人恐怕很难体会到"闲闲两耳全无用"是什么感觉，每天一睁眼就是回复不完的消息、看不过来的新闻推送、一个接一个的娱乐短视频。我们忙着工作，忙着生活，忙着娱乐，信息充斥在生活的每一分每一秒里，却没有留出时间和自己相处。

古希腊有一句名言："认识你自己。"就是这样观点，让哲学从天上回到了人间，回到了人的身上。他认为世界本就变化无常，因此我们想要追求一种确定的、永恒的真理，这就不能求诸外界，而是要返求于己，研究自我。

人们总是困惑，为什么听过那么多道理却依然过不好这一生呢？现代社会想要获得信息、寻求建议、参考别人的经验和活法都很容易，但看得越多、听得越多却越迷茫，容易被杂音干扰看不清自己的内心。所以，大家反而应该屏蔽掉周围的声音，去听听自己的心声，通过向内的思考去认识自己、了解自己。

　　我有一个大学同学，从上学的时候到现在，状态一直特别好，积极向上非常乐观，很少见她纠结焦虑。我本来以为这是她天生性格如此，但后来有一次，我和她的一个室友在一起聊天，提到了她，我说很羡慕她这样的性格，乐观、果断、执着。然后她的室友告诉我，她们向她请教过，她的小秘诀就是，每天晚上都会至少抽出半小时的时间独处。我很诧异，就这么简单吗？后来我自己也试了试，不看手机，甚至不看书，不接触任何其他信息，只是和自己的内心对话，每天半小时，很难坚持下来。但我尝试了几天后，发现这个方法确实管用，在这半个小时里，可以梳理这一天的所见所思，处理这一天的情绪，可以思考脑海中浮现的各种奇怪的问题，可以让各种奇思妙想随意地延伸下去，确实会让心绪更加平和。

　　我们常常研究怎么处理人际关系、怎么培养情商、怎么变得幽默风趣，其实处理好和自己的关系，才是处理和别人关系的前提，和自己相处也是一门很深的学问。

语路分明在，

凭君仔细看。

和雨西风急，

近火转加寒。

宋·道吾真

前人的种种话语今日还留存着，任凭你一字一句仔细琢磨，但总有种种谜题无法解答，就如细雨绵绵分明不疾不徐，可一阵秋风却突然吹得很急，明明靠近了火源却又怎会转而遍体生寒。

初读这首诗的时候，我一头雾水，后来越读越觉得被绕进去了，心烦意乱随口说了一句"这说的是什么呀"，没想到这一句话却让我灵光一闪，有了思路。生活时常是不按套路出牌的，甚至有时候会有一些前后矛盾的事情发生，让人摸不清头脑，这首诗或许表达的就是这个意思。我们许多时候头头是道地分析一件事情的前因后果，只是事后诸葛，事情发生的当下那一刻，未必能条分缕析，所以有些时候我们把一件事前前后后、仔仔细细地琢磨，也没觉得思考出了什么关键所在，于是也只能随机应变。

哲学中强调事物是永恒发展的，时刻都有新的变化出现，从前的经验和方法未必完全适用于当下的现状，随机应变才能在变化的世界中游刃有余。但随机应变也需要一些敏锐的观察力和胆魄，最近有一句网络流行语："勇敢的人先享受世界。"就是鼓励大家相信自己敏锐的思维，坚定勇敢地沿着内心的方向出发。

　　我有一个可以算是"传奇人物"的学姐，她的经历就完完全全验证了勇敢的人先享受世界。在写网络小说还不那么流行的时候，她就废寝忘食地创作，当时老师们还担心她会"走火入魔"耽误学业，没想到一个偶然的机会她成为了网站的签约作者，还在上学就已经实现了"财富自由"。后来她更是一路走运，因为当时小说的反响还不错，优质内容相对又比较少，于是紧接着签约出版、签约有声书、授权影视剧，几乎是一气呵成，一本书名气大涨之后她又果断地成立了自己的工作室，如今已经事业有成。

　　可见，在这个新事物层出不穷的时代里，前车之鉴未必能预见前路，周详的计划也未必能应付得来生活的"套路"，对变化保持敏锐的嗅觉，勇敢地应声而动，才能更加从容。

悟见

云树高低迷古墟，
问津何处觅长沮。
渔郎引入林深处，
轻叩柴扉问起居。

近代·苏曼殊

118

山林之间云雾缥缈，树木高高低低地环抱着古老的村落，向人询问哪里可以找到我隐居在此的友人。渔夫为我引路，走入山林深处，来到一所小院前轻轻敲响院门，询问他有没有起身。

"归隐"自古以来都是文人墨客们绕不开的一个话题，现在也是一样，太快的节奏让很多人厌倦了都市精致、体面但千篇一律的生活，大家渐渐看透了所谓的灯火通明、霓虹闪烁，燃烧的是多少人本该拥有的生活闲暇；所谓的车水马龙、灯红酒绿，也不过是一个又一个迷茫的普通人，朝来摩肩接踵，暮去暂求喘息。对自然美景、山川湖海尚且心存向往，也是都市打工人为数不多的心灵寄托了。

除了生存的压力，人际关系也是一个绕不开的难题，无论家庭关系、同事关系，还是上下级关系，好像各种大大小小的矛盾永远没有尽头。萨特有一个很著名的观点："他人即地狱。"萨特认为，正是由于人人都是自由的，人和人之间才会产生一种相争的关系，当人们无法和谐相处、关系难以处理时，他人对我们的审视和评判就成了地狱。

这两年"社恐"这个词很流行，可见当下大多数年轻人都不是那么擅长处理人际关系。我在上一家公司工作的时候，参加过一次新员工培训，培训自然免不了要有自我介绍的环节，同期有一位其他部门的同事开口第一句话就是："我有点社恐。"他腼腆地笑了一下，连介绍自己名字的时候都紧张得打了个磕巴。主持培训的同事替他打圆场，但明显也对这种"社恐"同事有些头疼，于是说："好像社恐现在成为一种时尚了，但我还是很害怕同事跟我说他是社恐。"

人是社会性动物，只要身处社会中就免不了和人打交道，平衡自己的各种社会身份，免不了被比较、被评价、被审视。栖身在崇山峻岭间、人烟稀少处，自然是一种解脱，但我们内心真正的所求不过是自在随心，不过是想要自由自在地表达自己、成为自己。

我们往往更容易做到尊重他人的选择，而难以坚定自己内心的决定，允许自己在不伤害他人的前提下"特立独行"，不畏惧他人目光的审视，无论身在何处都依然可以自在潇洒。

白牛常在白云中，
人自无心牛亦同。
月透白云云影白，
白云明月任西东。

宋·普明

禅宗很多祖师喜欢用牧牛比喻修心，也就是把牛比作人的心性，后来许多牧牛公案逐渐形成图卷，且有许多禅师依据图卷做出了偈颂，普明禅师这首"牧牛图颂"就是其中之一。普明禅师的牧牛图颂，把修心分为十个阶段，分别是：未牧、初调、受制、回首、驯伏、无碍、任运、相忘、独照和双泯。这首诗写的就是相忘这一阶段。

白牛藏在白云里，似乎隐匿无踪了，牧童无心放牛，牛也无心妄动，人牛两忘。月光透过白云，让云显得更加白皙了，月亮任白云东飘西游，白云也任凭月光照耀四方，一切都那么自然又平静。

"修心"是一场漫长的修行。不可否认，人生中的确会有一些苦难很难消解，也会有一些烦恼难以释然，如果还不能做到看淡人生中的一切起起落落，那么能做到暂时忘却，也是一种宽心的方法。就任烦恼存在，不去做什么，和平共处，两两相忘。

中国传统哲学中的道家思想提倡"无为"，但并不是说"无为"就什么都不做了，它只是要求"少为"，不要违反自然地任意妄为。人的情绪喜怒哀乐，也是一种自然的本能和规律，求而不得就会烦恼，得而又失就会悲伤，所以如果明明无法释怀，却偏要自己做到云淡风轻，也是一种违反自然的"为"，不如顺其自然，暂时忘却。

我表姐就是一个擅长忘记烦恼的乐天派，她从小就是这样，昨天邻居家的妹妹才和她打过架，今天两人就又乐呵呵地一起玩了。后来她上学、工作也是这样，哪怕重要的考试考砸了，哪怕第二天要做述职报告，也从来没见她愁眉苦脸过。我问她是怎么练成这种好心态的，她说："我不是心态好，只是会给负面情绪'存档'。"就像一个电视剧里，一对情侣吵架经常用"存档"的方式搁置矛盾，她也经常给自己的烦恼"存档"，然后就不再理会。

清朝诗人郑燮说："千磨万击还坚劲，任尔东西南北风。"这种顽强可以练就心灵的韧性，而这种"人牛两相忘"的心态，也是一种心灵的韧性。

众星罗列夜明深，
岩点孤灯月未沉。
圆满光华不磨莹，
挂在青天是我心。

唐·寒山

夜空中星罗棋布、群星闪耀，使夜空显得非常幽深，尚未西沉的月亮像一盏孤灯将山崖点亮。圆满如镜的月亮不用打磨也晶莹剔透、光彩明丽，而那挂在青天上的圆月，就和我的心一样本就明净圆满啊。

月亮是古人常写的意象，夜凉如水，月华似练，在寂静的夜晚对着月亮，所有的心事都袒露在眼前。"挂在青天是我心"，一个人如果能问心无愧地以明月自比，回想自己走过的路、做过的事、说过的话，都能对得起自己的良心，日子一定过得十分踏实安稳。

当下这个时代变化每天都在发生，我们经常会面对一些选择，要怎么决策呢？我给自己的答案是：无愧我心。经常会有朋友找我诉苦，说，如果当时选了那个公司、选了那个人、选了出国、选了深造，现在的日子一定会更好。可我并不这样认为，不是站在朋友的立场上给予安慰才这样说，而是一直坚信后悔当初做出的决定是没有必要的。

我们之所以要孜孜不倦地学习、探索、体验、经历，就是因为受到学识和阅历的局限，我们无法见识到世界的全貌，因此我们自然也就无法做出"最好的选择"。现在看过去的一些决定，或许有遗憾，但未来再看现在的悔恨，又真的值得我们苦恼吗？既然无法找到所谓的"正确"，不如顺从本心，无愧本心，把这当成我们的判断标准。

从哲学的角度看，我们面临的这种迷茫，更多是一种多元价值观的碰撞带来的困境。在古代，我们每个人遵守着同一个秩序、同一套价值观，因此是非对错是有相对标准的答案的，我们也会依照着同一套体系做出自己的选择。但随着社会发展，我们接触到了不同的价值观念，世界变得复杂起来，很难说什么是对、什么是错，不同观念的人生活在同一个社会中，造成了一种困境，我们自己也会有一种混乱感。

"圆满光华不磨莹，挂在青天是我心。"正是在提醒我们，我们内心自有一套价值体系，只要做到自洽，无愧本心，就是踏实圆满的人生。

云痕变灭一兴亡，
铃语沉沉碣草荒。
立马城阴高处望，
塔尖留得古斜阳。

清·何振贷

天上的云朵时聚时散，形态变换往往只在刹那之间，而人世间的兴亡也是如此。风吹檐下铃铎，声响沉沉，立于城墙之上登高远望，唯见千年碑碣埋沉于荒草之中，古代斜阳返照在塔尖之上。这千古的兴亡变迁都已归于一片沉寂。

都说人过留名，雁过留声，多少人一生的执着、追求就是为了在这个世界上留下点什么。的确，人这一生来世间一遭，不应该虚度，但如果只是执着于一个好名声，把得到人们的敬仰与赞美作为标准和原则，去生活、做事，未免就有些本末倒置了。

况且世事变迁，沧海桑田，真正能青史留名的人又有多少呢？苏轼曾在《赤壁赋》中感叹："舳舻千里，旌旗蔽空，酾酒临江，横槊赋诗，固一世之雄也，而今安在哉？"曹孟德的一生曾经多么辉煌啊，面对着大江斟酒，横执长矛吟诗，本来是当世的一位英雄人物，然而现在又在哪里呢？英雄人物尚且如此，何况我们普通人呢？太执着于名利，只会迷失本心。

战国时期的哲学家庄子，讲求用"无为""逍遥"来寻求生命的出路，他认为："嗜欲深者，其天机浅。"也就是说，一个人如果欲求太多，贪婪无度，必然会利令智昏。

　　我之前公司的新媒体部门有个同事，他从小到大都有一个"明星"梦，就是执着于成为很多人认识、喜欢的名人。他小学的时候学音乐，梦想着未来唱歌、作曲当一个音乐人；中学时候发现这条路可能走不通，又去学了播音，想要做主持人；后来不知道为什么，他又放弃了当主持人的目标，上了大学后一心想要成为网红，毕业后又辗转进了这家公司运营新媒体账号。在后来的一个工作项目里，我和他有过短暂的接触，发现他虽然人很傲气，做事有些急躁，但沟通表达能力很强。我想如果他能理性地控制自己想出名的欲望，发现自己在这方面的闪光点，坚持下去，说不定现在已经是一个出色的主持人了。

　　岁月流转，没有什么能够永恒。繁华的城市可能被深埋在黄沙之中，人生种种也大多如白云苍狗，我们普通人又何必把名利当成一种负担去追求呢，不盲目、不疯狂，顺从本心地去生活，难道不更轻松吗？

悟见

窗外芭蕉要半庵，
心番一炷静中参。
云霞幻灭寻常事，
禅定莫如是钵悬。

亦苇

134

窗外芭蕉掩映，屋内心香一炷，佛理玄妙，只能在心静的时候去参悟。人生在世，世事变迁就如云霞幻灭，本是无比寻常，既然安坐参禅，就不要心思飘摇，胡思乱想。

这首诗是亦苇在禅定的时候写的，礼佛参禅讲求心静、神定，心无杂念，这样才能专注思考，理性判断。我们经常说，不要在气头上吵架，因为容易出口伤人，也不要在情绪大起大落的时候着急做决定，因为这时候往往会做出错误的选择。大悲大喜都容易让人失去理智，可人生如棋落子无悔，说出的话、做出的事却如覆水难收，等我们冷静下来，还是要为一时的冲动收拾残局。

漫漫人生路，沟沟坎坎何其多，总不能遇到点什么事情就如临大敌。因此遇事不能慌，要沉得住气，仔细思量，慢慢分析。古人说，三思而后行，谋定而后动，也正是看到了事物的复杂性和多面性。西方哲学中有一个著名的"一和多的悖论"，争论的是事物究竟是统一的，还是可以无限区分的。其实"一和多"是从事物的不同层面去理解的，每个事物都是一和多的统一，内部有其复杂性。这个世界是复杂的，任何决定都不能只考虑单一的因素，所以更需要我们心性坚韧。

　　我在刚刚工作的时候，就曾因为慌张忙乱出过一次岔子，因为第二天要出差，着急回家收拾行李，所以手上的工作草草收尾，随意地把出差要用的资料打包进一个文件夹存在了U盘里，等回到家收拾停当确认文件的时候才突然发现，最重要的一个文件保存的不是最终版本，而是之前的一个版本。于是我只能第二天一早拉着行李急匆匆地往公司赶，存好文件又急匆匆往机场赶，差一点耽误了行程。

　　心里浮躁就容易忙中出错，也正因为我们每天面对的琐事太多，心里的思绪太乱，才更应该有意识地保持头脑清醒和理智。时时清除心中的杂念和干扰，才能冷静自持，不畏风雨，不动如山。

诗与心灵疗愈

137

一度林前见远公，
静闻真语世情空。
至今寂寞禅心在，
任起桃花柳絮风。

唐·栖白

　　曾经在山林前得见高僧南山景禅师，静听禅师精深的佛理，让我感觉所有凡尘俗事好似都已不再紧要。直到今天，禅师的点拨让我仍保持着一颗寂定的禅心，任凭桃花柳絮随风飘落，我亦不为所动。

　　人生路上能遇见良师益友是非常幸运的事，俗话说"听君一席话，胜读十年书"，如果能得到过来人的慷慨帮助，传授经验，有时能起到事半功倍的作用，就如诗人栖白得到高僧的指点，悟出一点禅意，收获了一颗安宁心，可抵御人生的坎坷风雨。

　　但也有人说，若不是读过"十年书"有了积累，别人的多少点拨、指导、劝谏都未必真能听进心里，况且很多经验道理，不过是甲之蜜糖乙之砒霜，究竟有没有用，也只能见仁见智。的确，我们年少时听了很多道理，但还是不断碰壁，也许是年少轻狂，偏偏要撞南墙，又或许是太年轻了，年轻到不明白一些事情为什么危险，也不明白一些东西为什么珍贵。

　　前段时间微博上有个热搜，说"小学的课文现在终于读懂了"，我们小时候把文章背诵得滚瓜烂熟，但对文字背后那些深刻的人生哲理只是一知半解。比如那篇朱自清的《匆匆》

相信当年没有人不会背："燕子去了,有再来的时候;杨柳枯了,有再青的时候;桃花谢了,有再开的时候。但是,聪明的,你告诉我,我们的日子为什么一去不复返呢？"现在读到这篇文章,我还能想起小时候读它像读绕口令一样的迷惑和痛苦,没有足够的阅历,是无法理解那种对浪费时间的懊悔的。

西方哲学理论也认为直接经验和间接经验都是宝贵的财富,我们用亲身经历积累的直接经验,肯定会让我们印象深刻,但世界之大总会有种种限制,我们不可能通过直接的体会去学习一切事情,因此多数时候,我们都需要从别人的经历或书本中,去获取间接经验。这两种途径缺一不可,也是相辅相成的。

人生匆匆,想要找到自己生命的意义所在,就要多经历、多体会、多倾听、多思考,让灵魂一直在路上。

悟见

过去事已过去了，
未来不必预思量。
只今只道只今句，
梅子熟时栀子香。

元·石屋

142

过去的事情已经过去了，既然无法改变，也就无须懊悔；未来的事情还没有到来，既然无法预测，也就无须预先担心。所以今天就说今天的事，好好欣赏那梅子成熟时的果实累累，好好品味那栀子花开后的芳香扑鼻。

人都有过去，有成就也有遗憾，有快乐的回忆也有伤心的往事，但无论是什么，都已成定局，无法更改也不能再现。有人说一个人总怀念过去的成就，是因为后来没有更高的成就了，我虽然不完全认同，但也觉得这是有一些道理的。真正谦逊、自信且乐观的人不会总将过去的成绩挂在嘴边，因为还有更多的辉煌要去创造，所以换个角度来看，要想让自己的未来更好，就把过去的荣耀放在心里吧。

哲学认为万事万物都在运动、变化、发展，唯一不变的就是变化本身，所以我们无法保证未来的事会按照我们的预期发展，尤其在当下的社会环境中，节奏快、变化多，很可能我们今天还在绞尽脑汁思考的问题，很快就会被新技术找到方案。况且很多时候我们的担忧都是杞人忧天，我们担忧的事情中甚至有百分之九十九都不会发生。

我有一个朋友，就是一个非常有"忧患意识"的人，总是去预想事情最坏的结果。她觉得这样会让自己做好更充分的准备，也会让自己对可能遇到的挫折有更充分的心理准备，而且如果事情最后的结果并不糟糕，还会觉得很幸运。但其实这样会让情绪时刻紧绷，每一天都活在担心和焦虑中。从中学时代担心考试不及格，到大学毕业担心论文通不过，毕业后担心找不到好工作，职场中担心自己会被裁……这些担心最后都没有发生，但她的这种心态让她变得非常不自信，经常给自己这样消极的心理暗示，长此以往显然是弊大于利的。

所以，我们总是强调要活在当下，过去和未来都无法改变，我们只能把握现在，用现在的美好去疗愈过去的伤口，用现在的努力去换取未来的幸福，用当下的快乐，让每天都精彩。活在当下是一种智慧，更是一种幸福，当我们全心全意地投入到当下发生的事，生活中那些真切的美好也会被放大。

桥坐云游出世尘，
兼无瓶钵可随身。
逢人不说人间事，
便是人间无事人。

唐·杜荀鹤

有时打坐，静如枯木；有时出游，飘若浮云。其他僧人云游，还带着盛水的瓶子和吃饭的钵，而他出门连这两件东西都不带，一身之外无所有，赤条条来去无牵挂。遇到人也不去聊人世间的琐事，便仿佛他已经置身于世间之外了。

"逢人不说人间事，便是人间无事人。"听起来有点自欺欺人、逃避的意味，似乎不是我们所提倡的积极的人生态度。老一辈人总有一种观念认为"吃得苦中苦，方为人上人"，我们从小到大总是习惯性地在延迟满足，快乐就像吊在眼前的一根胡萝卜，一直在追逐，却一直得不到。但古希腊唯物主义哲学家伊壁鸠鲁就认为，快乐就是善，他创立的伊壁鸠鲁学派追求快乐，把快乐视为生活中福气的开端与归宿，提倡想要获得恬静就要追求快乐。

然而我们很多人都对享乐有一种羞耻，甚至对请假都有羞耻。我有一个好朋友，上学的时候从不缺课，上班的时候也几乎全勤，连请年假的时候都特别不好意思，所以她的年假一直都是什么时候生病，就什么时候请两天假。有一次我们一起吃饭聊天，她突然说："我有时候打开朋友圈，看见大家天南海北地旅游，就会特别羡慕，但我总是放不下工作，放不下家庭，总想着还有太多事没做完，哪有空出去旅游呢？"

我们总觉得生活中有太多事，而且件件紧要，件件是大事，背负着生活的压力、对前途的担忧、对琐事的烦恼，自然看什么都是艰难。后来我对朋友说，你就是不懂得休息，不懂得放松，心里的压力太大，才会隔一段时间就病一场，到头来假期都在生病，根本没有缓冲的时间，又拖着疲惫的身体去工作了。这样把心思全放在工作上、家庭上，又会觉得压力更大，恶性循环下去。

所以杜荀鹤说："逢人不说人间事，便是人间无事人。"其实这是一种人生的智慧，有时候对生活中的烦恼"钝"一点，就会发现世上本无事，太多烦恼都是我们在自己为难自己。

人生像一场旅行，每个人都希望自己一路上轻松快乐，只有轻装上阵，才能随遇而安。

卓尔难将正眼窥，

回超今古类难齐。

苔封古殿无人侍，

月锁苍梧凤不栖。

宋·子淳

有些人虽然看似卓尔不凡，却难让人以用正眼相看，回望古今英雄枭雄，世间众人三教九流良莠不齐。青苔爬满了无人居住的古老宫殿，也将往事一同尘封，月色深深，好似封锁了满院的梧桐，传言凤凰非梧桐不栖，可凤凰不再，梧桐树又该任谁依靠呢？

诗人子淳禅师二十岁出家，随后行遍了大江南北，遍访天下高僧大德，在芙蓉道楷禅师那里获得大彻大悟，后来追随他参悟佛法的弟子达千人之多，可以说一生颇有建树。而或许这一切在子淳眼中，也不过如过眼云烟。

苔封古殿，月锁苍梧，让人读后不免觉出几分悲凉，曾经华丽威严、金碧辉煌的殿宇爬满青苔，曾经慷慨激昂、指点江山的英雄人物也随着时代的更迭、岁月的流转荣光不再，退出历史的舞台。中华上下五千年的浩瀚历史，造就了我们这一个喜欢回望历史的民族，有人遗臭万年，有人流芳千古；有人恶贯满盈，有人两袖清风，但这一切似乎都只是岁月长河中的一朵小小浪花，人生来此，一期一会，转头皆空。

从宏观的视角来看，现代西方哲学的历史主义认为，时代是人类精神的一种独特表现，每个时代都呈现其自身的价值观和文化背景。可以说每个时代有每个时代的使命。从个体的角度来看，我们每个人都形塑着当下的时代，我们的迷茫、探索、选择都有意义。我们每个人短暂而又漫长的一生，也独属于自己的时代，面对命运为我们写下的一切难题，只需要从容应答，不留遗憾。

我曾有幸偶遇过这样一个人。某天下午，我独自在家附近的一个小公园闲逛，累了在长椅上休息，有一个游客来和我搭话，我很纳闷，来旅游不去标志性景点，为什么要来这么一个不起眼的小公园？但他神采飞扬地跟我解释："我特别喜欢这种在社区附近的小公园，我觉得这里有一个城市的烟火气。"再后来聊天我才知道，还有一个原因是，这个城市里有名的景点他都已经去过了。用他的话说，名山大川去过，开阔眼界；街心公园走遍，回到人间，凡能接受的美食都尝遍，这辈子的体验卡就物超所值！

如果能拥有这种尽兴去活的心态，纵情肆意，我想这一生一定是有趣且充盈的。

年老心闲无外事，
麻衣草座亦容身。
相逢尽道休官好，
林下何曾见一人。

唐·迥超

　　这首诗是灵澈禅师写给刺史韦丹的。韦丹，字文明，是唐代的一位名臣，出身于杜陵望族，从小随外祖父颜真卿读书，入仕后也小有功绩。他和灵澈是忘形之交，常常互赠诗歌。有一次灵澈写了一首赞美庐山风光的诗，寄给了韦丹，韦丹读后心驰神往，又回赠了一首："王事纷纷无暇日，浮生冉冉只如云。已为平生归休计，五老岩前必共君。"这首诗的大意是说，兄弟啊，你游山玩水，如闲云野鹤，潇潇洒洒，可我在官场中苦苦沉浮，案牍劳形，难偷半日闲。我这一辈子忙忙碌碌却像浮云一样一吹就散了，还不如早点退休，和你一起去庐山五老峰，恣情于山水之间。

　　灵澈读了好友的诗，一下就明白了他心中所想，于是回了这首诗：年岁渐老，内心也有了闲暇，不再理会那些身外之事，穿着麻织的衣服，坐在蒲草编织的圆垫上，就算有了一个安身之处，可以安心度日。和同僚闲谈时，大家都说还是辞官归隐好，但真来到这山林之间、归隐之地，又何曾见到那些人呢？

　　官场中人见了面，都说不当官是最好的，可却不见哪个人真的辞官，只因为大家被琐事烦扰，往往只是嘴上抱怨，其实内心或心怀大志或贪婪权势，都不会真的潇洒退场。显然，韦丹也是口是心非，随口说说罢了。

口是心非的又何止韦丹呢？很多人经常把"躺平"挂在嘴边，但实际行动上却依然在勤勤恳恳地奋斗。我和身边的很多朋友也是这样，有一次我在家写稿子，怎么苦思冥想都写不好，写了删，删了写，折腾了大半天字数不增反减。我心里非常烦闷，就自暴自弃地和朋友说，不写了不写了，好好的一天，干点什么不好非要写稿，我明天要去公园长椅上躺一下午。可说是这么说，第二天我依然坐在了电脑前继续写没完成的稿子。

其实，存在主义哲学家萨特早就看清了其中的本质，他说，人注定要受自由之苦，我们的自由迫使我们创造自己的生命，创造我们生命中的意义。所以人有时候是没有办法在理想尚未实现的时候，真正实现心灵的归隐的。偶尔的抱怨、牢骚，就当是压力的一种释放吧，排解掉心中的杂念，再继续倔强地、执着地一路向前。

空门寂寂淡吾身，
溪雨微微洗客尘。
卧向白云情未尽，
任他黄鸟醉芳春。

唐·可止

佛寺清幽，寂静得让人忘记自己的存在，正如空门寂寂，出家人把外物的得失看得淡而又淡。溪雨微微，把一身征尘洗涤干净，正如禅音静心，把心中的杂念都一并清除了出去。卧在高耸入云的山间，悠然自得，又有无限意趣，任凭那黄鸟啾鸣，让那春日芬芳醉人心。

不可否认，环境有时候给人的影响是很大的，西方哲学中的唯物论认为物质决定意识。就像走进寂静的山岭，情绪不知不觉就会平和下来；身处繁华的街市，人的内心也会不自觉地热闹起来。但生活在现代都市中的我们，不可能一感到烦闷焦躁，就转身跑进山林之间，听鸟鸣啁啾，看流水潺潺。所以我们需要在自己的心里，搭建一个随身携带的情绪避难所，让情绪有处可去。

用当下流行的概念来说就是"情绪稳定"，或许正是因为大家现在都很容易崩溃，情绪稳定才会成为一种人人向往的特质。每次说起情绪稳定这个词，我都会想到我闺蜜的男朋友。我闺蜜是一个不能一心多用的人，有时候做着什么事，一打岔就会犯迷糊。有一次，她去取两人定制的戒指，结果刚要出店门，恰好接到了一个工作电话，于是她急急忙忙地就走了，把钱包和戒指都落下了。等到她反应过来的时候，已经走出了一半的路程，她特别自责，但她男朋友的第一反应却是和她连视频，安慰她的情绪，还在打视频的过程中预订好了她爱吃的餐厅。

其实生活中让我们崩溃的，往往就是一些低级的小错误、突发的小状况，但这些事情搞砸了后果真的那么严重吗？其实未必。就像戒指丢了可以再买，证件丢了可以再补，我们生活中的小磕小碰，长远来看并不影响什么，反而是一直紧张的情绪，会让我们陷入无止境的烦恼中，每每想起都会在内心掀起一阵狂风暴雨。

因此，保持一种恬静淡泊的心态非常重要，万事不萦于怀，才能在世事的纷纷扰扰中保留一块心灵的净土，让情绪有处安放。

卢陵米价播诸方，
高唱轻酬力未当。
觌面不干升斗事，
悠悠南北谩猜量。

宋·守卓

　　"庐陵米价"的禅宗公案原典只有短短十七个字——僧问："如何是佛法大意？"师曰："庐陵米作摩价？"青原行思答非所问，弄得人们一头雾水，其实他的意思是，对于佛法应该是自己直接去体悟的，既不应该向外驰求，更不应该将其抽象化、观念化，所以转而反问庐陵米价几何。

　　然而就是这样一段简简单单的对话，却引发了历代僧人围绕"庐陵米价"的讨论，先后所作的颂偈有十九首之多，本诗就是其中之一。虽然后来大家纷纷对这段公案做出解读，可守卓禅师却慧眼如炬，直指核心："卢陵米价"这段公案名扬四方，虽然传播甚广，但实际上能理解到位的人却很少。要解开真心的本来面目，找出佛理的真谛所在，与"卢陵米价"有什么关系呢？这么长时间以来，南南北北不少修道之人对这段公案的研究和讨论，只不过是自己哄骗自己的乱猜测、瞎思量。

　　可见道听途说到最后多会变成以讹传讹，因此哲学才会强调实践的重要性，德国哲学家康德曾说："没有实践的理论是无效的，没有理论的实践是盲目的。"尤其在当下这个瞬息万变的时代，前人的部分经验已经不再适用，从前所说的"不听老人言，吃亏在眼前"渐渐成了"只听老人言，吃亏在眼前"。

我有一个大学同学，毕业的时候听从家里长辈的建议考了公务员，他很优秀，运气也很好，成功考到了家所在的街道，有了一份体面、稳定、离家近的工作。但几年过去，我在同学聚会上再见到他的时候吃了一惊，还很年轻但已经有了发福的趋势，脸上的疲惫已经完全掩盖了曾经的朝气蓬勃。我们看到他状态不好，嘴里的玩笑调侃转了个弯，变成了劝他注意身体，多出来和老同学吃吃饭聊聊天。可他却坦诚地和我们说："这两年考公的人越来越多了，大家都觉得我已经成功抵达了'宇宙的尽头'，说什么累啊苦啊都是身在福中不知福，可是选择了一个不适合也不喜欢的工作，越稳定，就越像牢笼。"

人生是苦是乐，如人饮水，冷暖自知，只有认清自己的心，选择自己的路，用具体的行动去回答心里的疑惑，用自己的脚印书写自己的人生，才能获得真正的幸福。

诗与心灵疗愈

165

藏身无迹更无藏，
脱体无依便厮当。
古镜不磨还自照，
淡烟和露湿秋光。

唐·师一

　　唐代有一个僧人被大家称为"船子和尚"，他开悟后隐居在吴江边，常常驾着一叶小船为人摆渡，有时碰到有缘人，他就会开导对方，讲一些佛理，把自己看透俗世品悟出的禅机和智慧讲给对方听。有一次船子和尚渡夹山禅师过河，他对夹山说："你此行一去，就藏身在没踪迹处，寻找有缘人来接续你悟到的佛理，不要让它断绝了。"后来"藏身无迹"的故事就流传了下来。

　　有一次师一的师父也对慧照讲起这个故事，问他明不明白其中的道理，师一几经思考，终于豁然开朗，写下了这首诗：不必藏身，因为没有留下需要隐藏的痕迹，如新生般赤裸无所依，也没有任何东西可以失去。就像一面古老的镜子，不用打磨依然能够照见自己的容颜。淡淡的烟雾和露水浸润了秋天的风光，一切都显得那么清晰明亮。

　　"藏身无迹更无藏"，可人们为什么总是想要隐藏自己呢？或许很多人都有这样的感悟，觉得自己是戴着面具在生活，白天伪装成另一个人去工作、社交，只有晚上回到家才能变回真正的自己。但这样真的有必要吗？

　　刚刚毕业的时候总有前辈告诉我，你这样的性格不行，要嘴甜，要爱说话，和同事们打成一片。但这种假装出来的活泼是不能长久的，我在强迫着自己外向却失败过一次后，就不再理会那些善意的叮嘱了。每到一个新的环境、新的圈子，认识一些新的人，我们都是以一个新面貌展现在陌生人的面前，什么样的性格都会有人喜欢、有人不喜欢，无论戴上什么样的面具，都不可能受到所有人的欢迎，既然结果都一样，为什么要藏匿起自己本来的性格，让自己不自在呢？

中国古代思想家庄子就主张，人要顺应本性，让内心得到自由，才能解放自己的天赋。所以不必如削足适履那样，让外界附加给我们的条条框框，框住我们的本心。我们一无所有地来到世上，又分毫不带走地离开，就像走过一场漫长的旅程，心之所向，才应是身之所往。

草堂名刹岁年深，
三藏谈经事莫寻。
唯有千章云木在，
风来犹作海潮音。

元·溥光

　　这首诗是溥光游览草堂寺的时候题写的，看着寺院深深，草木苍苍，追忆当年鸠摩罗什大师住在草堂寺，广说经法度化众生的时光，早已是岁深月久，如今再想当时谈经的盛况，已经无法追寻。往昔隆盛的佛事已经远去，只有寺庙中耸入云天的千章古木依旧郁郁苍苍，一阵阵风吹拂过来，发出如大海浪潮滚滚的声音，让人心中敬畏，如佛门警世一般震撼人心。

　　讲经人把佛理传承了一代又一代，聆听讲经寻求开悟的人坐满佛堂，来了又去，聚了又散，也换了一轮又一轮，我们寻找人生真谛的脚步从未停歇，每一代人都有不同的际遇，但又都会有相似的困惑。关于人生的活法，古今多少人已经给出过无数种答案，但我们仍在迷茫，仍在叩问自己的内心。就如丹麦哲学家克尔凯郭尔所说的那样，人单单谈信仰是不够的，还要有个人的意志，人需要亲身地切实地决定和参与，不能只同意停留在头脑中的抽象真理。

　　总有人认为宗教、玄学、信仰就是一切问题的终点，但我们个性的灵魂难以简单地被套进那些被书写在纸面上的道理。人如果追逐着一些既定的答案，去定义自己的人生，就很难找到自己的幸福。

我有一个小学同学，在我印象里她一直是一个特别优秀的学生，在我听说过的大学还只有清华北大的时候，她妈妈就已经为她设立好了求学的目标。她从小学就开始明确地为考上复旦大学中文系奋斗，小学毕业后去了我们市最好的初中。但在我的记忆中，好像从来没有见过她发自内心地开怀大笑，她在班里也没有很要好的朋友。因为她太聪明而且太超前了，我们聊起喜欢的故事，都是动画片里面的情节，但她谈论的都是《红与黑》《呼啸山庄》这种我们听起来陌生又奇怪的书名。我们常常佩服她，有时羡慕她，但很少有人想要成为她。不是目标坚定，未来可期，终点就一定是幸福。

所以，名校的光环也好，模板一样的优秀人生也好，其他的任何大道理也罢，不是自己探索后做出的选择，再"正确"也只是枷锁而已。正因为每个人都是独一无二的，所以只有我们自己，才能书写出我们自己人生的"正确答案"。

悟见

尘劳迥脱事非常，
紧把绳头做一场。
不经一番寒彻骨，
怎得梅花扑鼻香。

唐·黄檗

174

　　摆脱尘念劳心并不是件容易的事，必须先付出一场辛苦，就像梅花若不经过冬天寒彻骨髓的淬炼，又怎么能开出芬芳扑鼻的花朵呢？

　　"梅花香自苦寒来"听上去有点老生常谈了，但其实不光是想要获得成功，需要下苦功，经历一番辛苦，任何事都是如此，任何珍贵的东西都是不易得的，总要折腾一番，才能拥有。

　　这些年随着社会环境的改变，大家越来越不认可过去那种千军万马过独木桥的模式，更倾向于发展个性，鼓励大家找到自己想走的路。但这条路走起来其实更难，有不少人因为觉得当下的选择不适合自己，从原来的公司、行业、专业跳脱出来之后，本以为从此以后随心所欲，再也没有烦恼了，结果又陷入了更深的迷茫，因为很多人不知道自己适合干什么，不知道自己该往哪儿走了。

　　我初入职场的时候，遇到了一个很实诚的领导，我们两人很合得来，私下里她就像我的姐姐一样，教了我很多东西，让我少踩了不少坑。后来，她从那家公司离职，我很不理解，问她，这边公司福利待遇都不错，你做着也得心应手，为什么要走呢？她后来跟我说："人在职场，或者说人活着，最需要弄明白的就是你要什么，明白这一点路就好走了。"她说这句话时候的神情我至今还记得，这个问题我也至今还在思考。

"我到底想要什么？"看起来是一个很好回答的问题，我们自己还能不知道自己想要什么吗？但如果真想说出一个明确的答案，恐怕还需要不断思考、不断试错。哲学中的辩证否定观认为，事物想要向前发展，一定要经历自身对自身的否定，去除不利于发展的因素，才能迎来光明的未来。

所以，任何事物的发展都不可能是一帆风顺的，没有一次次的寒风彻骨，没有一次又一次的挫折磨难，我们又怎么能发现自己的局限、改进自身的问题呢？

人生本无容易事，无论是哪一条路，都要付出辛苦、付出努力才能走通。

悟见

香芭冷透波心月，
绿叶轻摇水面风。
出守出时君看取，
都芦只在一池中。

宋·佛鉴勤

178

　　这首诗是北宋佛鉴勤禅师开悟时所写，灵感来源于光祚禅师著名的"莲花出水"公案。相传光祚在湖北随州智门寺说法，有一个来听他讲法的僧人问他："莲花还没有露出水面的时候，是什么？"光祚答道："是莲花。"那僧人又问："那么莲花出水以后，又是什么？"光祚回答："是荷叶。"为什么明明是同一种东西，但这两个问题的答案却不一样呢？佛鉴勤沉思良久后突然开悟，写下了心中的感触。

　　荷花含苞未放时，池水波光荡漾，那般清冷好似能浸入水中映着的月亮；等到荷叶出水，绿叶随着水面初起的微风轻轻摇荡，又好不惬意。可其实，无论这荷花是长出水面，还是未出水面，它都生长在这同一池水中，前后并未有所不同，所谓清冷、所谓惬意都只在他人的想象中。

　　德国古典理性主义哲学的创始人康德曾提出过这样一个观点，他认为我们对于这个世界的观念是我们同时通过感官与理性而得到的。就像戴上一副墨镜，我们眼前的世界就会变成黑白的，在我们每个人的心灵中也有这样一副墨镜，影响着我们对世事的感知。

　　在生活中我们可以把这理解成偏见、不同的价值观、不同的思维方式，我们都戴着不同的墨镜看自己，也戴着这副墨镜看别人，所以才会在与人相处或与己相处的时候，感觉到矛盾、困扰。

前段时间朋友和我说，他们部门里来了一个新同事，性格有点怪，她不知道要怎么跟他相处。有时候觉得他很缺乏自信，做事犹犹豫豫、瞻前顾后，明明已经做得很完善了，但就是迟迟不敢提交。她觉得这样会耽误其他同事的工作，就经常鼓励他大胆一点，就算有问题，在互相交流中发现了及时解决就好了。但有些时候，她觉得这个同事非常固执甚至是有些自大，总认为自己的方案已经非常完善了，对别人的建议嗤之以鼻。人的自卑和自大往往只是一线之隔，本质上还是一种自卑，因为没有稳定的自尊，所以不能客观地认识自己，也不能客观地对待他人的评价。

我们有时顾影自怜，有时自暴自弃，但正如外人看这一池荷花一样，是悲苦还是惬意，其实都不客观。只有拥有一个稳定的内核，挥散蒙在心灵上的那层薄雾，才能平和看待，乐观向前。

千尺丝纶直下垂，
一波才动万波随。
夜静水寒鱼不食，
满船空载月明归。

唐·德诚

千尺长的钓丝直直下垂，一朵涟漪刚刚荡起，千万朵波浪就随之泛开。深夜寂静，鱼线的一点响动都会惊动鱼儿，水太寒冷，鱼不肯游上来觅食，自然就没有鱼儿上钩，只能乘着空船载满明月回去了。

初读这首诗，可能会觉得"满船空载月明归"是全诗的核心所在，细细读来才发现每一句都大有妙处。"千尺丝纶直下垂"表面是在说鱼线，其实暗指人们内心的欲求，一旦动心起念就容易演变成欲壑难填，因此有"一波才动万波随"，有时候人的贪婪一旦生出，就会产生连锁反应，涟漪也会翻动成惊涛骇浪。可很多时候我们的欲求是没有结果的，就算垂钓千尺丝纶，鱼儿也不会咬钩。乘舟垂钓却一无所获，但有明月满舱，又怎么不算满载而归呢？

明明是来钓鱼的，却不在意收获的鱼多少，我想只有怀着这样心态的人才能说出"满船空载月明归"吧。这让我想到朱光潜先生评价弘一法师的一句话："以出世之精神，做入世之事业。"有出世的心态才能看淡得失，但出世并不是事不关己高高挂起，而是说没有看淡得失的胸怀和胆量，就难以入世去成就一番大事业。

　　"诗圣"杜甫曾写过一首《茅屋为秋风所破歌》，一句"安得广厦千万间，大庇天下寒士俱欢颜"把"以出世之精神，做入世之事业"体现得淋漓尽致，诗人自己的生活尚且艰难，自家的茅屋被秋风吹破，又遇上了阴雨连绵，无处安眠，但他却没有囿于这一室之内，而是为天下穷苦百姓忧心，求的是"大庇天下寒士俱欢颜"。

　　对于我们普通人来说，以出世的心态看淡得失，首先要放下执念，不要索求太多。哲学中的唯物论强调，一切客观事物的变化发展，都是不以人的意志为转移的，如果不能看透"有心栽花花不发"的生活常态，又如何能欣赏"无心插柳柳成荫"呢？太计较一时得失，只会被困在眼前的不顺和一点蝇头小利当中，不能超脱其中，就不会有大格局、大境界，自然难以成就大事业。

溪声便是广长舌，

山色岂非清净身。

夜来八万四千偈，

他日如何举似人。

宋·苏轼

　　宋朝的文学大家苏轼，深受佛禅思想的影响，写作时也常常将佛理融入自己的诗作。有一年，苏轼在庐山游玩住在东林寺，与寺内的照觉、常总两位法师谈论禅法。在一番探讨后，苏轼忽有省悟，提笔写下了这首诗：潺潺的溪水声像是佛绽莲花，似四方妙音；而这满目青山难道不就是佛陀的法身。大自然中处处是禅机，静心聆听就会发现处处有禅音，听了一夜大自然的颂偈声，多到有八万四千颂偈，醒来后感触颇深，都不知道怎么才能把这些颂偈子转述给别人。

　　只要留心观察，用心体会，就能从一草一木、世间万物中品悟出禅意，人生的修行不一定在佛寺中，也未必只在山林间，一动一念，不同的人有不同的感触、不同的选择，其实这都是一种修行。

　　有这样一个小故事：曾经有人问赵州禅师，什么是禅？禅师说："饿了吃饭，困了睡觉。这就是禅。"这个答案似乎有点太"接地气"了，吃饭睡觉是生存必需，哪来的禅意呢？赵州禅师又解释说："吃饭时只是吃饭，睡觉时只是睡觉，才是禅。"一心一意，心无杂念地做平常的事，这是很难做到的。现在大家很难一心一意地吃一顿饭，总要看看手机，找点下饭剧，一部《甄嬛传》能看几十遍；一到深夜就容易胡思乱想，心绪不宁，失眠到凌晨，四处看病吃药的也不在少数。连吃饭、睡觉都不能专心，怎么会不影响身心的状态呢，又怎么能心无旁骛地专注于自己的目标和生活呢？现在大家普遍都很焦虑、很浮躁，总是尝试各种方法，想要保持专注，恢复对生活的掌控感，但与其学习一些高深的理论，从零培养一些难以适应的习惯，倒不如去关注吃饭、睡觉这种最基础的生活常规。

建筑大师路德维希·密斯·凡德罗提出了一种"少即是多"的设计哲学，其实这个原理放在日常生活中也是同样适用的，少就是多，慢就是快，正是一种大道至简的哲学理念。对于我们普通人来说，恬淡安稳的幸福并没有那么复杂，无须辛苦找寻，它就藏在我们的一餐一饭、一动一念中。

湖上春光已破悭，
湖边杨柳拂雕栏。
算来不用一文买，
输与山僧闲往还。

宋·道济

　　若要说起中国古时的僧人，不得不提到这位有名的"活佛济公"。济公，法号道济，是南宋的高僧，一提到这个名字，大家往往会联想起影视剧中那个破帽破扇破鞋破衣，疯疯癫癫饮酒哼歌的形象。道济虽然放浪形骸，不受戒律拘束，嗜好酒肉，举止癫狂，但是德才兼备，他学问渊博、扶困济贫，留下了不少诗作和故事。

　　济公游西湖时曾写下四首小诗，被称为《湖中夕泛归·南屏四绝》，本诗就是其中一首。泛舟湖上，春意已经破冰而出，满眼都是勃勃生机，撑船的艄公免了我的坐船钱，我只管观赏岸边的杨柳轻拂栏杆，微风惬意。而这一片春暖花开、湖光山色的美丽景象，却不需要一分一文来购买就能任意欣赏，无论你是贫富贵贱，都可以往来其间。

　　然而步履匆匆的人们，却很难和道济一样愉快地欣赏世间的美好，我们总是忙着赶路，总是觉得钱还不够多，房子还不够大，生活还不够好，但其实世间最珍贵的东西恰恰是免费的，比如一池碧波、一树繁花、一缕清风，都是大自然免费的馈赠，又比如健康、快乐、爱和陪伴，都是金钱换不来的无价之宝。平凡的日子里也有很多小美好、小确幸，它们才是生活的主要成分，金钱和外物本来是为我们服务的，不该舍本逐末反而被金钱奴役，失去对人生的掌控感。

现代西方哲学中有一个流派叫人本主义，这个流派的哲学家们普遍认可"人是万物的尺度"，一切外物都因人而产生意义，承认人的价值和尊严。这并不是说我们要把自己当作宇宙的中心，而是提醒我们，类似金银珠宝、奢侈品这样的外物，本没有什么意义，它们身上的价值是人为赋予的。

我有一个同事，家里有一个小公司，可以说家境很好了，但她颠覆了我对"富二代"的认识，她从来不买奢侈品，无论吃穿还是打扮从来都是选合适、舒服、喜欢的，价格都不贵，和我们普通打工人的消费水平差不多。人对于金钱的欲望是无止境的，但真正需要开销的也不过是一日三餐，总是有限的。我们平凡的日子、理想和追求、喜怒哀乐才应该是生活的核心。

悟见

溪水清涟树老苍，
行穿溪树踏春阳。
溪深树密无人处，
唯有幽花渡水香。

宋·王安石

溪水清澈，涟漪潋滟；千年老树，郁郁苍苍。在林间穿行，漫步于春日的阳光下，不仅身上暖洋洋的，心情也轻松愉悦起来。即使是在水深树密、无人问津的地方，生长在幽隐处的野花，也依然隔水送来阵阵花香。

这首诗是王安石春日踏青时所作，字里行间都是对美景的赞叹和出游的欢欣。这首诗看似写花，其实也是写人，"溪深树密无人处，唯有幽花渡水香"和前些年的流行语"你若盛开清风自来"有异曲同工之妙。不管外界的环境如何，只管做好自己的事，这种态度在结果导向的时代，是多么难能可贵啊。

中国古代的思想家孔子说"无所为而为"，意思是说，如果一个人只做他在道德上、本心中应该做的事情，而不考虑外在的其他因素，这样他就永远不会患得患失，也会永远快乐。孔子所说的"君子坦荡荡，小人长戚戚"，同样也是这个道理，简单执着，心中坦诚，就会感到快乐。

然而在生活中，更多的人是浮躁的，总是有既要也要的心态。我有几个研究生同学，毕业找工作的时候会有这样的焦虑：自己辛苦读了三年研究生，毕业后工资反而没有本科的同学高，心里怅然若失。然而大家却忽略了每个人都有自己的道路，市场也有自己的规则。三年深造后在知识上、眼界上一定会有所进益，但三年工作经验也积累了很多书本之外的实战技能，不能简单地评价哪种更宝贵、谁更优秀，不考虑自己的成长几何，也不问他人的收获多少，只一味算计收入的差距，显然是不可取的。

我们选择了一些东西，相应地就会放弃一些其他东西，只是规划不同罢了。花各有香，无论选择扎根在广阔的原野还是幽深的丛林，都可以自在开放，散发出缕缕清香。

诗与心灵疗愈

197

悟
见

春雪满空来，
触处似花开。
不知园里树，
若个是真梅？

唐·赵嘏

198

春雪漫天在空中飞舞，顿时天地间白茫茫一片。雪花落在梅树的枝条上，星星点点地堆积起来，远远望去，好似白梅吐蕊怒放，真叫人分不清哪朵是梅花，哪朵是雪花了。

"不知园里树，若个是真梅？"如果只从文学的角度来看这句诗，这只是一种修辞的技巧，是对自然的赞美，是对春雪的喜爱，但如果换个角度想一想，又或许能够品味出另一番意思。诗人怎么会真的分不出哪是梅花哪是雪呢？这种明知故问、故意装糊涂的口吻让人听了会心一笑，有时候言语间的小活泼和小调皮也是一种生活的情趣。

过日子哪有那么多严肃正经，有时候装装糊涂、开开玩笑，日子反而更加有滋有味。我闺蜜的老公就是这样一个人，明明不是特别活泼的性格，但时不时就会开一个小玩笑逗我闺蜜开心。她经常和我讲她和老公之间的一些趣事，我印象最深的就是，有一次她在网上买了一个修眉毛的小剪子，快递寄到的时候是她老公拆的，他拿在手里摆弄了半天，突然瞪大眼睛兴奋地问："老婆，这是你专门剪刘海儿的剪刀吗？还带一个小梳子，好专业啊！"边说着边比画起来，做了一个剪刘海的动作，把我闺蜜逗得哈哈大笑。就是这样的小玩笑、小插曲让平淡的生活多姿多彩起来，爱人愿意在你身上花心思逗你开心，就是最深情的告白。

　　没有人不希望每天的生活都开开心心、乐乐呵呵，追求
快乐是人的天性本能。享乐主义认为，快乐才是生活的最高
目标。古希腊哲学家伊壁鸠鲁也曾提出，快乐不仅仅是一种
肉体的愉悦，还包括精神层面的满足，人们应该追求身体和
精神的愉悦，避免痛苦。那么生活中的快乐、小确幸又从何
而来呢？不就是这一点一滴中的真情流露、幽默逗趣吗？不
如就把人生当作一个有趣的游戏，用乐观、轻松的心态去生活，
去感受纯粹的快乐，去享受片刻的欢喜。

黄梅席上数如麻，

句里呈机事可嗟。

直是本来无一物，

青天白日被云遮。

宋·显殊

　　尽管弘忍禅师座下弟子众多，却只有惠能的"本来无一物，何处惹尘埃"悟到了禅机，真理是没有任何东西可以蒙蔽的，就像朗朗晴空中遮天蔽日的片片浮云，看似将天空遮住了，但云朵背后晴空依然存在。而反观其余的弟子虽然刻苦研究，但是没有参透，到头来仍是门外汉，令人嗟叹。

　　但天才毕竟是少数，大部分人到头来或许只不过是芸芸众生中不起眼的一个，难道没有让人艳羡的头衔、没有登峰造极的成就，就没有意义了吗？胡适先生曾说："怕什么真理无穷，进一寸有一寸的欢喜。"每前进一步，都会有一种豁然开朗的愉悦，并不是什么事情都只有最后那个结果有意义，过程中的酸甜苦辣是另一种无法替代的财富。

　　我在网上偶然看到过这样一个帖子：如果你不知道自己应该选择什么职业，就想一想，假设这件事的结果最后一定会成功，你依然愿意去做吗？如果答案是肯定的，就说明你能够纯粹地享受做这件事的过程，这就是你心中热爱的事业。我看完后觉得很有趣，仔细一想确实很有道理，虽然现在大家总是把"想赚大钱"挂在嘴边，但还是会为自己的职业前景焦虑、迷茫。因为我们嘴上只是调侃罢了，内心真正希望的是找到自己的热爱和价值，在热爱的领域中做出成绩。所以，我们不妨换个角度想一想，既然这个过程本身已经足够有趣，我们又何必执着于结果，为自己增加压力，增添烦恼呢？

我们每个人最终的归处都是一捧灰、一抔土，相比于结果，人生的美妙更在于过程，德国哲学家狄尔泰提出的体验哲学就认为，哲学的中心问题是生命，通过个人生活的体验和对生命的理解，就可认识到生命的体现，体验才是我们认识世界的出发点。

用脚去丈量世界，用心去体验人生，让经历和感悟成为人生旅途中最美的风景，我想这会是很值得的一生。

悟
见

清风楼上赴官斋，
此日平生眼豁开。
方信普通年事远，
不从葱岭带将来。

唐·师鼐

师萧号鉴真禅师，是唐代的一位禅僧，他写下了不少诗偈，其中还有三首被收入了《全唐诗续拾》，闽王曾设宴邀请他，这首诗就是他赴宴后所作。去清风楼参加闽王的斋宴，这一天我平生第一次豁开眼界，才知道当年达摩祖师所传的禅法其实年代久远，并非是由他过葱岭后才带来的思想。

达摩从印度而来，是禅宗的创始人，认为佛法是"直指人心，见性成佛"，佛性本是人人自有之，只是需要机缘去触发内心的禅机，明心见性，悟道不是得到什么，而是将内心原本就有却不知道的智慧点醒。想要超越烦恼、获得人生的真谛，或许不必向外索求，学习什么高深的理论，我们内心自有一套适合自己的法则。就像现代哲学中的人本主义所主张的，人应该有独立自主的意识，活出真我，只有我们自己才能对自己的生活负责。

然而有些人却总是想要依赖于外界的建议，依赖于所谓最佳的方法去寻找最优解，从而来规划自己的人生。有一次我偶然在网上刷到一条评论，他说自己经常在迷茫的时候看一些自我成长类的书，像《底层逻辑》《人性的弱点》《高效能人士的七个习惯》等都读过，我很好奇，点进他的主页看到他分享过很多书，每读完一本书都会分享他是怎么借鉴书里的理论重新规划生活，可惜没过几天就坚持不下去了，又开始陷入焦虑，然后阅读另一本书寻找答案，这样不断反复。可见学习再多的道理，也比不上脚踏实地的行动和一丝丝实际的改变，不注重向内的探索，是很难实现飞跃，改变人生的。

　　我想起之前看到过这样一个说法：遇事无法抉择的时候就抛硬币，并不是想要把命运交给运气，而是当硬币扣在手心的时候，我们心里的期待已经给出了答案。我们偶尔祈求命运，偶尔求助运气，这些都是对生活向往的短暂寄托，最终结局的走向只会书写在我们一路走来的脚印里，内心的迷茫和困惑，也只会在对自我的不断探索中渐渐清晰。

春雨楼头尺八萧，
何时归看浙江潮。
芒鞋破钵无人识，
踏过樱花第几桥。

近代·苏曼殊

　　提起苏曼殊，脑海中浮现的第一个词就是"情僧"，这个三次出家，放浪形骸的诗人，短暂的一生却是那样轰轰烈烈。我们都读过他的诗句："还卿一钵无情泪，恨不相逢未剃时。"而这首诗同样出自他的本事诗十首。

　　站在楼上倚着栏杆，拿出尺八吹奏起故乡的箫曲《春雨》，什么时候归来还想要再看看钱塘江大潮的壮阔景观。穿着草鞋，拿着一个破钵，孤独地走在异乡的路上，没人认得我，于是就这样走啊走啊，樱花簌簌飘落，我不知道已经走了多远，不知道已经走过了第几座桥。

　　苏曼殊行走在异乡路上是孤独的，与旧友分别，与亲人离散，与爱人阴阳两隔，人生到此异常凄凉。随着年岁增长，我们都不可避免地经历各种各样的分别。天下无不散之宴席，许多时候我们与他人相遇但只能同行一程，人生路迢迢，山高水远，孤独是常态，真正能陪伴我们走过一生的人只有自己。哲学的辩证唯物主义揭示了世界不断运动变化发展的普遍规律，时间向前走，人也会不断前进，我们无法停留在原地，只能勇敢地迈向下一段旅程。

　　我闺蜜在爷爷刚刚去世的那段时间非常消沉，于是我经常陪着她，听她讲小时候在家里和祖父母、父母、弟弟妹妹们在一起的时光，热热闹闹的，现在回想起来，那真是平凡而珍贵的快乐。随着她渐渐长大，祖父母已经跟不上快速发展的时代，甚至可能听不懂我们的话题，不能完全理解我们的生活，弟弟妹妹们长大一点，忙于自己的学业，也渐渐疏远，没了话题，一家人在一起开怀大笑的时刻越来越少了。家人之间尚且随着彼此陪伴的时间缩短，渐行渐远，其他的一些朋友、同学、同事就更显得像过路人一样，我们只能珍惜相遇，让自己的内心不断强大，用内心的丰盈让自己的人生更加充实。

春有百花秋有月，
夏有凉风冬有雪。
若无闲事挂心头，
便是人间好时节。

宋·慧开

　　"闲事"是什么？说白了就是一些无关紧要的琐事。可偏偏有人总爱和这些无关紧要的事纠缠，为这些琐事纠结，弄得每天愁眉苦脸。而且从古至今，这样的人并不在少数。

　　这首诗是宋朝僧人慧开所作，他借自然之景的变换，劝导人们处世、安身要怀有一颗平常心。春日看百花争艳，秋日望如水明月；夏日有凉风习习，冬日赏白雪皑皑。这是多么惬意的乐事啊！如果不去纠结心中的那些琐事，总有美景可赏，一年四季都是人间的好时节。

　　然而，虽然我们都是平常人，却往往难有一颗平常心，比如，明明知道生活中充满了不确定，计划经常赶不上变化，但仍然焦虑地去谋划，试图让一切都在自己的掌握之中。尤其是在当下这样一个时代，有一颗平常心是非常难得的，我从前也是"常把闲事挂心头"的，所以我的朋友常常和我讲她母亲的一些事，劝我多宽心。

　　她母亲是一个普通的劳动妇女，这半辈子过得很辛苦，但对生活很乐观，每天都是乐呵呵的。听朋友说，她母亲年轻的时候学习很好，而且给同学讲题、管理班级也是好手，班主任觉得她是个当老师的好苗子，向校长推荐了她留在中学当老师。可等到毕业，一个阴差阳错，她母亲没能留下，还是做了农民，下地种庄稼去了，而且因为常年从事体力劳动，还落下了一身病。这种事放在很多人身上恐怕要后悔、纠结、忧愁一辈子，但她母亲从来不觉得自己错过了什么、失去了什么。她总说，种粮食容易，培养人难，我这样天天在地里溜达溜达，唱唱歌，粮食长好长赖都随老天爷，没什么烦恼，还自在，也挺好。

常言道，人生除了生死并无大事。在西方哲学中有一个流派叫作存在主义，认为人是在无意义的宇宙中生活，人的存在本身也没有意义。那么有意义的什么呢？或许就是眼前的一草一木，平淡日子里的一朝一夕。活在当下，不把闲事挂心头，享受每时每刻的美好，或许就是生活的真谛。